多肉植物新『组』张

Creative Ways To Plant Succulents

JOJO 著

长江出版传媒 | 湖北科学技术出版社

CONTENTS 目录

推荐序 / 04
作者序 / 07

08 为什么它叫多肉植物?
10 不用沃土养多肉
15 如何养出一盆人人都想霸占的多肉植物?
20 获取更多多肉宝宝的秘诀
22 多肉植物组盆工具
25 美貌的多肉植物组盆秘籍大公开

32 家居篇
与多肉植物为邻的美好生活 / 32
唤醒你的那一片清凉 / 35
窗台的小景观 / 36
厨房吹进自然风 / 39
简约中流动着生命力的餐桌 / 40
严谨中的一点小放纵 / 43
繁复复古的味道 / 45
不动声色地缓慢成长 / 46
在茶台上绽放婉约之美 / 49
茶席上的风景 / 51
随性中的精致 / 53
书桌上的从容惬意 / 54
适时休息的小提醒 / 57
让卫浴间也回归自然 / 59
把工作情绪留在门外 / 60
质朴天然感花架 / 63

65 组盆示范篇
放在家里的多肉植物组盆
关不住的满笼春色　鸟笼里的多肉组合 / 67
独居也很美好　玻璃瓶里的多肉世界 / 69
清澈萌茁的　白色陶瓷组合 / 73
色彩斑斓节日必备的　多肉植物吊篮组合 / 77

扮靓你的窗台　吊挂起来的风景 / 80
冰箱上的花园　红陶花盆冰箱贴 / 82
适合放在茶台上的　多肉巨钵组合 / 85
挂起来的装饰活画面　多肉植物相框 / 89
充满厚重感的　古典多肉植物组合 / 92
超凡脱俗拥抱大自然的　森系多肉组合 / 95
古朴典雅的　单棵多肉植物 / 98
奏出美妙的多肉音符　尤克里里多肉组合 / 100
节约空间的　多肉红陶风铃组合 / 102
挂在窗前的　海螺多肉风铃 / 107

109 送给朋友的多肉植物礼物
迷人又美丽的生石花　潘多拉的盒子 / 111
淡雅文艺范儿的　多肉植物花束 / 113
灰姑娘梦想中的　多肉植物高跟鞋 / 115
清新田园风格的　多肉小草帽 / 118
送给朋友最好的礼物　多肉植物礼盒 / 123
对比强烈的红与黑　多肉植物花束 / 127
静静等你归来的　青蛙王子多肉组合 / 130
质朴原生态的　铁艺多肉植物组合 / 133
邪性又可爱的　多肉植物南瓜灯 / 137
神秘又可爱的　球形多肉植物组合 / 139
新颖清爽的　叶脉多肉胸花 / 142
书卷气十足的　多肉植物书 / 144
自然温馨感十足的　多肉植物胸花 / 149

151 环保循环再利用组盆设计
红红火火过大年的　Red Box / 152
来，干一杯吧！　红酒杯多肉组合 / 154
自制迷你器皿的　多肉蜡烛组合 / 157
可以贴在冰箱上的红酒冰箱贴 / 160
自然生活风格　原始木枝条种多肉 / 163
等待的龙猫　啤酒罐大变身 / 166
翠绿四君子之首　天然竹筒多肉植物 / 168
享受手作的幸福　手绘红陶花盆 / 170
粗犷原始感十足的　手作木头多肉植物 / 173

感谢你们 / 176

一本风格独特的多肉书

@林中晓月

因为喜欢多肉植物，在新浪微博上发现了“叁月草堂”，并开始关注。看到她们的多肉组合作品与众不同，不仅盆器特别，几乎每一件作品都是为顾客特别定制，而且她们的每一件作品背后都有着动人的故事。后来，在一次活动中认识了JOJO，了解到她和同伴因为热爱慢生活，喜欢多肉植物，于是把爱好发展成为事业，创办了“叁月草堂”这个多肉植物工作室。

因为喜欢，她们为顾客量身定制的每一份多肉礼物，都凝聚了自己对生活的热爱，她们希望，每一位顾客都能通过“叁月草堂”的多肉植物养植，找到生活的乐趣，积极、健康、快乐地享受生活。因此，她们为顾客定制的每一份礼物都充满了独特的魅力，让顾客爱不释手。

JOJO是个温文尔雅的四川姑娘，不仅十分干练，而且做事特别认真。近年来有关多肉植物的书出了几本，多是从品种和技术上讲得多些，总感觉缺点什么，于是把她推荐给出版社，希望能推出一本有关多肉组合搭配艺术与环境的精品，让多肉爱好者能从中受益，更上一个台阶。为此，JOJO下了很多功夫，利用工作之余找场地，选盆器，挑多肉植物，组作品，拍照片，再反复挑选，经过与出版社的多次讨论、磨合，不断修改，才有了今天的模样。看了书稿后我很欣慰：果然品位不一般，有自己独特的风格。

这本书图片精美、版式大气，文字通俗易懂。书中不仅详细介绍了不同多肉植物组合的方法，还有在家居中的应用，以及多肉组合所需的盆器、基质、工具等等。作为多肉爱好者，我看了这本书后，感觉从中受到很多启发，原来多肉是可以这样来玩的……

喜欢多肉的朋友，相信你们看了这本书也一定会爱不释手。

吴方林

原《中国花卉报》副总编
现《美好家园》顾问

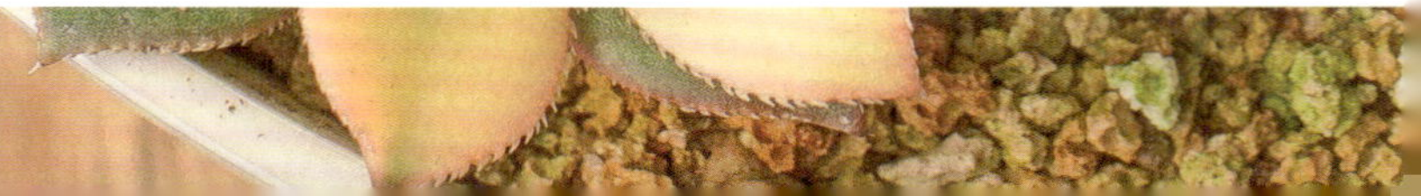

寻找内心的那份温柔和坚定

@陈柏言

青青的山，倒影在淡绿湖上，看水色衬山光，

浮云若絮，天空里自在游荡，笑苍生太繁忙……

翻看JOJO的新书，看着这些画面和文字，耳边就很自然地飘起这首行云流水般的歌……

久违了的感觉，多少年来一直以为自己的工作与生活都在别人的眼中小资着，而在JOJO的字里行间，我突然意识到自己也真的就是疲于奔命地劳作，为生活而日夜催动着画笔来粉饰他人的生活，只不过偷闲作态，演绎出一份青云独步、恬静悠然罢了。

都市里的繁忙，每一个积极向上的人都远远突破了朝九晚五的作息，激烈的竞争，生活的压力，让洋溢着幸福的笑脸上透露出倦容，谈笑风生中流露着无奈。是怎样坚强的心，支撑着大家的这份坚持？应该是对未来美好生活的那份向往吧，但也许我们换个角度来对待身边悄然流逝着的岁月，用心在身边体会和发现生活的美，用自己的双手来营造一个令自己可以时常愉悦的氛围，那么我们的工作和生活又将发生怎样的变化呢？试想你从办公桌前的电脑屏幕上移开目光，扫过桌角上那一株毛茸茸的多彩多肉植物，凝神间会心一笑，在舒缓视觉疲劳的同时，又怎么不让你枯燥乏味的工作多上几点色彩，让紧张倦怠的心得到一刻的舒缓……有时候我真的羡慕JOJO的心态，更是在她家中随处可见的多肉植物上深深地体会和感受良多，而当她告诉我会有这样一本记录心路历程与多肉植物养护的手册般的书卷将要面世，我迫不及待地提前讨来一篇篇细读手稿……没有什么建设性的意见给她，我只为先睹为快，把她的心智成长的感受拿来分享，而今，我也更愿意为她的这本犹如灰色水泥城市中一抹回归自然的亮色的手札作序，希望可以尽早交予更多的朋友一起分享，在匆忙的生活节奏中找到一份内心的宁静，自我陶冶与成长……

且向心内，仔细追寻，找那安然的我。

——柏言

职业漫画家 / 设计师 / 动画制片人

作者序

享受多肉慢生活

在与多肉植物交朋友以前，我的生活节奏总是很快，快速地吃饭说话工作，甚至训练自己更有效率地睡眠。我如此飞快地奔跑在人生道路上，像极了中国腾飞的步伐。突然某天，无意间看到一位网友的签名，她说："我的工作是生活，业余开店卖东西。"被闪电击中一般，我悲哀地发现在我个人的腾飞中，我遗忘了人生最重要的东西，外表毫不起眼，内在却有无比的辉煌。那就是生活，是的，就是生活。

我开始养一些绿植花草，只求重新嗅到生活的芬芳。作为一个新手，你们懂的，必经之路第一条：独自面对植物的相继死亡。阳光对于我家朝南的阳台一点都不吝啬。由于经验缺乏，第一年种的茉莉、栀子、柠檬、迷迭香、罗勒、薄荷等都在夏天相继死去。到了秋天，只有多肉植物还坚强地活着。那年，我养的熊童子已经从5元长成了50元。

惭愧的是，买那批多肉植物的出发点是为了图便宜，连形状都没好好挑，买回来胡乱塞到阳台角落，有一搭没一搭地浇水。我的主要精力都用到那盈白如珠、幽香袭人的栀子和茉莉去了，虽然它们最终都辜负了我。

后来才知道，夏天才是多肉植物最难熬的季节，面对炎热，很多多肉植物都会休眠，在休眠期不能浇水过多。世间的事就是这么凑巧，我的疏懒反而成就了和多肉植物的一段缘。

一棵多肉植物有它独特的美，几棵在一起如果搭配得当，它的美更是让人爱不释手。我开始尝试多肉植物组合盆栽，有些器皿从家中信手拈来，取的是环保和情意。有些器皿具有明显的中国气质，是为了区别于时下的日韩流行。

我营造的多肉植物组盆在设计上没有炫目的技巧，一切都是按照当时本心出发。关于组盆的理论知识，我抱着尊重的态度，但是规则不就是为了后来的人学习、打破和超越它而存在的吗？用你自己的美学为心爱的多肉植物组盆，生活的灵感每天都在闪光！

JOJO

2014年1月　北京

为什么它叫
多肉植物?

多肉植物的最大特点就是肉厚，因为它的茎、叶、根中至少有一种具有贮藏水分的功能，那肥厚多汁的叶片每每让人看见都很有掐一把的欲望。朋友们看到我家阳台摆满的多肉植物，都会问我多肉植物到底有多少个品种？查阅了一下目前手上的资料，显示是有近万种，我家那些只是沧海一粟罢了。据悉专家们还在陆续进行各种杂交和新发现，数量也会随时更新的。

多肉植物来到中国之前，主要是住在墨西哥、美国西南部、非洲南部和东部这些区域。在家里养护它的时候，也要了解其原生环境是根据种类和分布地气候条件的不同，对温度也有多样性的要求的，它并不是单纯的只怕冷不怕热。北京的夏季还稍微好一些，不潮湿，不闷热，听闻在2013年夏季南方花友的多肉植物死了很多。

万能的网络让多肉植物在国内开始更广泛地流行，国内花友玩得比较多的是景天科和番杏科，萌萌的样子很受大家的喜爱，生石花那像屁股一样的外形颇获好评。大家第一次听说多肉植物还以为是一种新的植物，其实，它并不是一个很神奇的物种，它一直都在我们身边，只是由于太默默无闻了，以至于我们都没有留意到它的存在。

每年去东南亚旅行，最常见到的鸡蛋花，还有冬季在花卉市场购买的虎刺梅、长寿花这些都是赏花的多肉植物。芦荟、虎尾兰，这些都是赏叶的品种。仙人掌，还有茎基部膨大成龟裂状的龟甲龙也是赏茎的多肉植物。我们去水果市场买的火龙果，其实也是一种原产于中美洲的多肉植物。曾经在台湾夜市上喝到过一种多肉植物饮料，据摊主介绍是有机种植的石莲花（国内叫胧月），味道酸酸的，口感很清爽，超级好喝，回北京后我还把自己家没喷药的各种多肉植物都品尝了一遍（大戟科的没敢尝，白色汁液有毒），都好难吃，根本找不到台湾的那种味道，所以去台湾的同学们赶紧敞开畅饮吧。还有，墨西哥最为有名的龙舌兰酒，以龙舌兰为原料酿造，龙舌兰也是多肉植物喔。

多肉植物的茎、叶、花可以欣赏，果实和叶子可以吃，后期养护上也不用特别地照顾，对于忙碌的家庭，此植物最为理想。而且随着季节不同，它不断变化的样子，也会给我们带来很多小惊喜，所以如果你还没有爱上它，那就从现在开始吧！

养多肉不用沃土

多肉植物原生环境的土壤都很贫瘠，大多是砾石和粗砂，只有少量的土壤和有机质，这样的土壤虽然不肥沃，但透气性强，所以我们在养多肉植物时，需要考虑的也是使用疏松、透气、透水、保水性好的土壤。

对于混合土壤，国内花友用得比较多的土壤是产自日本的赤玉土和鹿沼土，再混入泥炭（基于环保，不太推荐，可考虑用椰糠替

代）、珍珠岩、蛭石、稻壳炭等，按照2：4：1：2：1的比例混合，保证其透气、透水、保水、保肥性。市面上还有一种混合好的土壤，叫虹彩石，它是一种无机混合土壤，也很好用。更有部分花友用煤炭和沙子混合来种植多肉植物，据说效果也很好。大家可以根据当地的气候和环境来选择最适合自己家多肉植物的混合土壤。需要注意的是这些土壤混合种植一段时间后，在多肉植物生长期需要追加一些肥料。

赤玉土

日本火山区的产物，取自火山灰堆积而成的火山泥，经处理后呈颗粒状，不含有害细菌，透水，保水性强，除了适合与其他土壤混合使用外，也适合铺于表层作为化妆土（装饰土）使用。除此以外它还可保证多肉植物盆栽的清洁，还有加固植株且保水的功能。

轻石

火山岩的一种，又称浮石，其透气性好，能固定土壤中微生物，排水性强，能防止土壤板结。轻石可做混合土壤，大粒轻石可铺面，也可铺在器皿底部，作为钵底石使用。

稻壳炭

一种有机介质，体轻、质松、多孔、透气良好，能增加根部氧气供应，促进植物生长及减少寒害。由于其吸附力强，还能减少肥料流失，改良土壤的效果也很明显。

鹿沼土

来自下层火山土生成的火山砂，和赤玉土一样均具有高通透性，呈微酸性，结构利于保水和排水，但缺点是粉尘大、易粉化，所以使用前最好过筛，适合做混合土壤使用。

桐生砂

一种硬质火山砂，以产地日本桐生市命名，赤褐色，质地硬，不易粉碎，透气，保水，排水性强，与赤玉土混合能提高其排水性，也可做铺底材质。铺底材料也叫钵底石，它的主要作用是防止烂根，铺上它后，盆栽底部有空隙，便于植物根部呼吸和透气。

珍珠岩

一种火山喷发的酸性熔岩，经急剧冷却而成的玻璃质岩石，因其具有珍珠裂隙结构而得名。珍珠岩本身性质稳定，持水保肥能力强，主要用作土壤混合物和土壤改良。

根防腐剂

透气性好、保水、保肥，具有贮存和提供氧氮的功能，还能提供植物所需的微量元素。具有吸附缓释分子能力，缓释养分，防止烧苗，提高地温，防止烂根的作用。

蛭石

一种天然、无毒、无臭、轻质的无机栽培基质。可与任何土壤混合使用，具有良好的通气性、保水性和排水性，可促进植物根系发达，非常适合用于多肉植物叶插繁殖。

植金石

一种火山石，其透气性、排水、持水性很好，多用于兰花种植，夏天可协助多肉植物散热，由于硬度不高，不会妨碍其生长，适合作为多肉植物化妆土铺于表面。

泥炭

一种经过几千年所形成的天然沼泽地产物，透气性好，质轻，持水，保肥，营养丰富。既是栽培基质，又是良好的土壤调解剂，并含有很高的有机质、腐殖酸及营养成分。

水苔

干净清洁，透气、吸水性好，水分和肥料通过其毛细结构均匀扩散被根部吸收，枝插多肉植物时用得较多，发根很快，也可作为长期生长的肥料，因其本身肥力少，使用时需添加缓释肥。

虹彩石

由轻（浮）石、沸石、熔岩石、肥料构成，具有很好的透气性和持水力，不会分解，变碎，克服了赤玉土的缺点，可作为栽培基质，也可作钵底石或化妆土。

有机肥料

缓释肥的肥效一般为3～4个月，多用在组盆初期，混合在土壤中使用，经过一段时间养植后，还需要再添加一些肥料促进多肉植物生长。推荐颗粒控释肥和棒状缓释肥，施肥时，注意都是在多肉植物的生长季，休眠季节除了控水，不要施肥。

蚯蚓粪肥，也是一种有机肥料，从一位“肉友”那儿分享的，试用之后，效果也不错。

蚯蚓粪肥

如何养出一盆

人人都想霸占的多肉植物？

多肉植物和我们每一个人一样，都有自己的秉性，所以针对它们的养护方法也不相同。大部分的多肉植物原生环境都是温暖干燥、昼夜温差大、通风良好的地方。多肉植物耐旱不耐寒，从原生地就能看出来，它还怕积水，不能长期雨淋，生病长虫的主要原因是通风不好，如果它的生长环境一直没有通风，还会烂根直接死掉。我们在养多肉植物时，在它的生长期应给予足够的阳光和养分，否则它会因为缺光、缺营养而徒长，影响株型的美观，就像我们小时候长身体时，父母会要求我们多吃饭一样。而在它的休眠期，就得注意控制水分了。夏季高温得遮阳，冬季得多晒太阳。所以说呢，要养出一盆人人都想据为己有的多肉植物只有3个秘诀：掌握好浇水，多通风，合理日照。只要把握好这3个秘诀就可以养出好看的植物了。

多肉植物会自己告诉你什么时候浇水

多肉植物如果缺水，它会自己告诉你，很神奇吧。当多肉植物的叶片开始变软并且出现褶皱，就是一种缺水的信号，此刻就得立刻浇水，它在用它变形的身体告诉你，该给它喝水啦。

大多数人对多肉植物有一种误解，以为多肉植物喜旱不喜水，故很少给它浇水，有的甚至长达数月，最终它也会由于缺水而死亡的。其实多肉植物只能暂时忍受干旱的环境，如果缺水时间过长，其体内储存的水分消耗完后也不能生存。

南方和北方的气候条件不同，包括家庭养护时阳台的朝向、整体环境湿度不同，器皿的选择不同，浇水的时机也不同，所以没有一个标准的浇水原则，都是需要长时间慢慢琢磨出来的。总体来说，多肉植物浇水时使用“不干不浇，浇则浇透”的秘诀。注意：夏季正午时分不要浇水，防止叶片被阳光灼伤；北方冬季，太阳落山后不要浇水，以免它被冻伤；生石花属在蜕皮时，不要浇水，以免感染细菌后腐烂。

浇水秘诀一：直接浇水法

这种方法用尖嘴浇水壶最佳，可以准确浇于土壤中，而不会把水浇到植物上，尤其适合表面被粉的多肉植物。当然也可以用喷水壶，但是需要注意，使用喷水壶应避开叶片表面被粉的植株。喷水壶的喷水范围较大，很容易把粉冲掉，影响植株观赏，植株需要经过一段时间才可以恢复粉粉的感觉。

浇水秘诀二：浸盆法

选择比种多肉器皿更大的无孔盆，装满水，将栽有植株的盆浸入水中，待土壤（或水苔）吸收足够的水分后取出，倒掉多余的水分即可。

身体虚弱最容易招来虫虫特工队

其实植物和我们人类生病的道理一样，如果多肉植物本身够健康的话，是完全可以抵抗病虫害的，发现多肉植物有病虫害，那说明多肉植物本身也不够健康。多肉植物爆发病虫害时，也会有一些迹象，比如通风环境很不好；整体株型长得比较凌乱；生长期生长得非常缓慢；叶片出现虫咬缺口等等。在收拾这些虫虫时，我们最好的做法是使用手中现有的材料进行治疗，自制有机灭虫药，这样做不仅不会污染环境也不会妨碍到家人的健康。当然，对于一些病入膏肓的多肉植物，还是默哀一下扔掉吧，不然感染了其他植株更麻烦。

介壳虫

属于比较难治的一种害虫，它不光会啃食嫩芽，还会分泌出蜜露，诱发煤污病。植株上发现介壳虫时，可直接用镊子或刷子刷走虫体，检查其他植株并立刻隔离病株。使用比例为0.1：1：1（清洁剂:食用油:水）混合成有机药剂喷灌植物进行杀虫。对于根粉介壳虫，除了清洗植物、切除根粉介壳虫寄生部分、换土外，如果不用药，是很难清除的。

白粉虱

群集于叶片背面，啃食叶片，成虫也会分泌蜜露，导致煤污病。发现时，可用辣椒水喷灌植株进行消灭。

软体昆虫

蜗牛、鼻涕虫等比较容易被发现，它们主要靠啃食叶片为生，当叶片出现缺口时，可以查找一下周围是否有这些昆虫。发现这些昆虫时用镊子直接夹走即可。同时，注意清理枯叶，保持植株清洁是预防它们的最好方法。

蚜虫

受到蚜虫侵害的多肉植物叶片会变色，形成斑点，严重时叶片会枯萎。蚜虫的消灭也可用辣椒和水按照1：1的比例制作喷剂喷洒于受害部位。

◎制作天然杀虫剂

① 准备材料：刀，菜板，小米椒，茶漏，碗。

② 将辣椒去蒂后切成辣椒圈，如果能切碎，会更辣，注意戴手套。

③ 将切好的辣椒圈放入茶漏中，倒入水，让辣椒圈在水中浸泡。

④ 浸泡30分钟后取出茶漏。

⑤ 用漏斗将泡好的辣椒水倒入喷壶中。

⑥ 用辣椒水喷施长满蚜虫的多肉植物，如果阳台较小，请务必戴口罩，否则虫子没死，你就先倒了。

在我们的生活中还有很多天然的材料适合用来对付害虫，既环保，也不会危害到我们的健康，比如用食盐来对付蜗牛，用生姜粉来对付鼻涕虫，咖啡渣混在土壤里也可以作为一种天然的防虫剂，还有大蒜、肥皂水、米醋、樟脑丸、风油精、小苏打等都可以作为天然的杀虫剂。

四季如何养肉肉

春秋更替　春暖花开或秋高气爽的季节是大部分多肉植物的生长季，此时进行多肉植物的枝插、叶插、分株，成功率超高。

夏日炎炎　除了仙人掌、夏型种多肉植物，这个季节是大部分多肉植物最难熬的季节。此时休眠的多肉植物叫冬型种，对于冬型种除了断水、保证通风外，还要注意遮阳。而这个季节夏型种开始生长，虽然是夏型种，在温度超过30℃时，也是需要遮阳的。

严寒冬季　冬季来临，北方露养的多肉植物别忘记搬回室内，不然它们也会被冻伤甚至冻死。对于夏型种的多肉植物，这个季节需要控水、通风、遮阳。冬型种多肉植物慢慢苏醒，开始生长，生长期需要水分和营养。

获取更多

多肉宝宝的秘诀

多肉植物组盆时，难免会碰掉一些叶片，或者根据造型需要掰掉一些叶片，这些叶片你千万别以为就没用了全部丢掉。一定都搜集起来，留着健康的叶片做叶插，假以时日很快它们就从一堆叶片变成一株株可爱的多肉宝宝，每一片健康的叶片最后都会长成可爱的多肉植物。这种繁殖方式对于新手简直太简单了。

除了种子繁殖，多肉植物还有最简单的繁殖方式：叶插、枝插（也叫砍头）、分株。看着一株小小的多肉植物慢慢长大，其实是一件很有成就感的事儿。

叶插

叶插是采用多肉植物的叶片进行繁殖，注意务必选择健康的叶片，这样做成功率才会高。叶插时你会发现景天科很容易发生双头和缀化，再也不用去买价格昂贵的缀化多肉了，自己也可以拥有，虽然它小点儿。

① 准备育苗盒。

② 将育苗盒内放入防虫网。

③ 育苗盒内铺入培育土（可选择泥炭或蛭石，推荐蛭石，有利于生根），加入少量水让其湿润。

④ 选择无水化、无病斑的健康叶片。

⑤ 左右晃动叶片使其脱落。

⑥ 将脱落的叶片斜插或平放入育苗盒中。

⑦ 经过两周后，多肉植物慢慢生根，发出新芽。

⑧ 新芽不断吸取养分，叶插老叶片渐渐枯萎。

⑨ 新的一棵多肉植物长成。

枝插

枝插也叫砍头，选择健壮的多肉植物，砍头后，需将伤口在明亮处晒干，埋入土壤部分的叶片需要摘掉，这些摘下的叶片可以做叶插。

① 用剪刀将多肉植物的头砍下。

② 砍下后的头，需要经过太阳暴晒消毒。

③ 消毒后的头，放入有培育土的盆中生根，生根前不要浇水。

④ 被砍头的多肉植物本株慢慢会发出新芽。

⑤ 新芽慢慢长大。

分株

分株法适合于群生多肉植物，将群生多肉植物逐一分开，每一株最后都可以成为一株单独植株，然后它们再接着群生，再分开，子子孙孙无穷尽。

① 准备需要分株的植物和器皿。

② 小心地将多肉植物从器皿中取出。

③ 去掉土壤。

④ 用剪刀将多肉植物进行分株，分株后在明亮处晾根1天。

⑤ 根部伤口彻底干后，进行移栽。

多肉植物组盆工具

喷水壶

和浇水壶不同，无法避免淋湿叶片，适合没有被粉的多肉植物清洁，也适合对植株进行药物喷施。

刷子

在种植完成后，清理土壤和灰尘，也可以用来清理介壳虫、蚜虫等害虫。

铲桶

用于组盆填土，能比较准确地将土壤填入器皿中。

气吹

非常适用于表面被粉的多肉植物清洁。

浇水壶

细长的喷嘴，保证浇水时是直接给土壤浇水，而不会浇到多肉的叶片上。

镊子

镊子是多肉植物种植和组盆的必备工具，它不仅可以协助我们将多肉植物种入合适的位置而不伤害到娇嫩的多肉植物，还可以用来清理在种植过程中不小心掉入叶片间的土壤，同时，可清理鼻涕虫、毛毛虫等害虫。

剪刀

用于剪掉多肉植物多余的、坏死的茎根，还可以用于枝插砍头。

迷你小铲

用于比较狭窄的种植容器或者较微型的多肉植物填土。

镊子使用Tips

使用镊子进行多肉植物种植时，镊子是夹在多肉植物茎秆底部靠近根系的位置，这个位置不会伤害到多肉植物娇嫩的叶片和根部。

气吹使用Tips

目前我用的气吹都是摄影上用的气吹，吹力强劲，吸气很快。在使用时注意掌握好气吹的力度，由于铺面的赤玉土块比较轻，很容易也一起被吹跑。

美貌的多肉植物

组盆秘籍大公开

多肉植物组盆其实真的没有什么特别神秘的地方，只要你真心喜欢它，假以时日，多多操练，谁都可以组出特别好看的多肉植物拼盘。要知道人人都是从新手慢慢走过来的，所以不用着急，也不用害怕自己做不好，慢慢来，慢慢做，新手和高手的区别只是时间而已。

针对多肉组盆新手，我总结了一些自己的搭配体会供大家参考，这些都是个人的一些经验，融合了此前自己在绘画和摄影中的体会。当然，很多时候，我们也是可以打破这些原则的，不一定完全按部就班，独特性也是多肉植物组盆的魅力之一。我们每个人都有自己独特的审美观，要相信，只要是你自己亲手做的，它就是最好的。

秘籍一：多肉植物的色彩怎么搭配最美

多肉植物最大的特点在于：不同的时期，各品种的植株会呈现出丰富的色彩变化。当运用在组盆中时，我们四季都可以欣赏到不同美貌的多肉植物。

一盆具有协调感的多肉植物组盆，如果色彩搭配得当，能成为居室中最抢眼的角色，所以学习常用的多肉植物色彩搭配，将让你的组盆水平有大的改观。多肉组盆的色彩搭配有以下4种。

A. 对比色（也叫冷暖色） 对比色能让人产生兴奋的视觉感，简单说就是抢眼。对比色在色环上就是两组相对立的颜色搭配，比如红色和绿色、黄色和紫色，这种搭配能表现出强烈的对比，色彩感觉跳跃，能体现出一种色彩张力，互相衬托，竞相艳丽。多肉植物拼盘用得比较多的是绿色系和红色系的对比，组盆出来的感觉很生动。

B. 同色系 同色系的搭配是最不会出错的搭配，就和我们穿衣服一样。如果说对比色适合有个性的人，那同色系比较适合的就是我们普通大众了。用同色系的方法对多肉植物进行搭配，呈现出的整体感觉会比较温和，在器皿的造型或者图案比较特别时，采用这种单色系多肉植物的搭配不会互相抢，而且还显得层次感十足。

C. 多色系 多色系属于颜色跨度比较大的一种配色，给人色彩丰富的感觉，适合在节日的时候使用。我们制作多肉植物相框、多肉花环或者多肉吊篮体现缤纷感时，就适合使用这种搭配。这种组盆设计色彩繁多，五彩斑斓。

D. 近似色 近似色搭配就是色环上相邻色彩的搭配，比如同为冷色或者同为暖色，像红色和橙色、黄色和绿色、蓝色和绿色等这些都是近似色。这种搭配都比较柔和、和谐，适合体现多肉植物“萌”的特点，这种搭配既有特点，也不会太出挑。

多色系示例

秘籍二：如何做出有视觉美感的造型

除了在色彩搭配上体现多肉的美感外，我们在做多肉植物组盆时，还需要在造型搭配上进行设计。考虑到这两点后，我们的多肉植物组盆才能趋于完美。

A. **留白设计** 采用黄金分割线法。将主要的多肉植物种植在偏离盆中心的位置，其余的地方不种植物或种小颗植物，进行整体留白，视觉的聚焦点就会聚集到主题的多肉植物上。

B. **高矮设计** 按照多肉植物高矮的不同来组合。这种方式便于对每棵多肉植物进行欣赏，整体造型也会显得更鲜活，更有层次感，这种设计也很适合与场景设计一起使用。

C. **数量设计** 一般来说，单数的多肉植物组盆在视觉上会好看一些，比如一、三、五、七、九。当然，这种分配方式也不是固定的，有的双头的多肉植物，直接使用也很好看。

D. **主次设计** 在设计组盆时，选取一棵主要的多肉植物作为重点，围绕这棵主要的多肉植物进行设计。这种设计比较能突出中心，起到点睛的作用，所选的多肉植物最好在形态上也要大于其他的植物。

E. **场景设计** 利用一些小道具来做一些小场景。我个人就比较喜欢用龙猫。加入一件小道具，就能让整个场景给人更多的遐想，很有代入感。

F. 单棵植物

多肉植物老桩有它自己独特的形态，较适合单独欣赏，不用搭配其他的多肉植物，就这样简单的一棵老桩也能呈现让人惊叹的美感。

秘籍三：让后期养护更便利的组盆搭配

在多肉植物组盆设计中，除了需要考虑到色彩、造型的搭配外，为了后期的养护便利，需要考虑尽量将生长属性相同的多肉植物组合在一起，比如冬型种、夏型种和中间型等，把这些属性不同的植物分开种植，在后期的维护上会更加方便。这是因为多肉植物在处于休眠期时需很少量给水甚至断水，如果给休眠期的多肉植物浇水过多，则会造成植物的死亡，同样，如果植物在生长期不给予足够的水分和肥料的话，则会生长缓慢。

当然有时候，为了组盆搭配好看，是可以暂时将不同类型的植株组合在一起的，养一段时间后，建议还是分开种植会更利于植株的生长，也便于后期的维护。

还有一点需要考虑的是，有的多肉植物尽管种型相同，但有的多肉的生长会很快，比如天狗之舞、火祭等，所以在组盆时最好能预留出一些生长空间给它们。

另外，最重要的是，组盆完成后，如果要对盆中的多肉植物进行修根，别忘记，得隔一天再浇水，不然会烂根的。

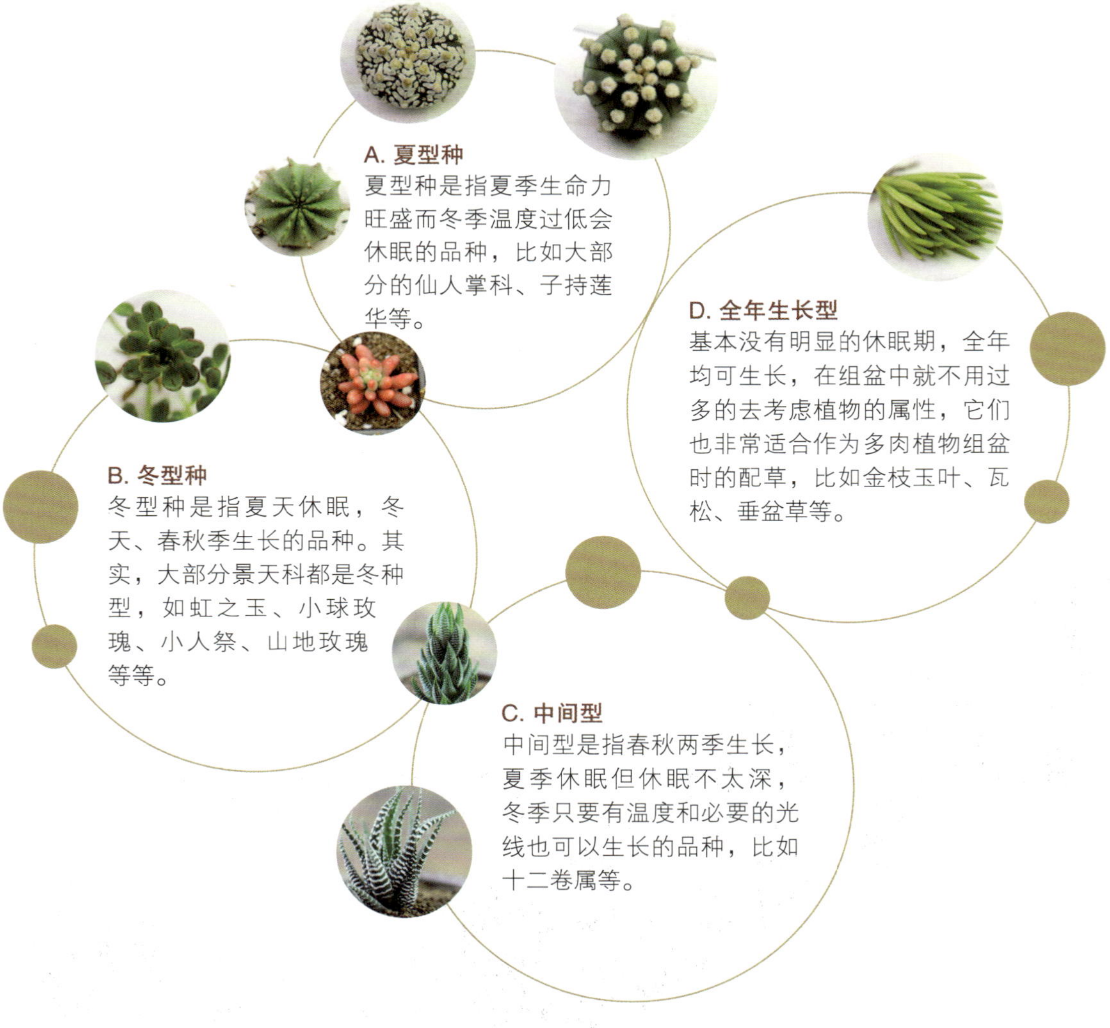

A. 夏型种

夏型种是指夏季生命力旺盛而冬季温度过低会休眠的品种，比如大部分的仙人掌科、子持莲华等。

B. 冬型种

冬型种是指夏天休眠，冬天、春秋季生长的品种。其实，大部分景天科都是冬种型，如虹之玉、小球玫瑰、小人祭、山地玫瑰等等。

C. 中间型

中间型是指春秋两季生长，夏季休眠但休眠不太深，冬季只要有温度和必要的光线也可以生长的品种，比如十二卷属等。

D. 全年生长型

基本没有明显的休眠期，全年均可生长，在组盆中就不用过多的去考虑植物的属性，它们也非常适合作为多肉植物组盆时的配草，比如金枝玉叶、瓦松、垂盆草等。

家居篇

与多肉植物为邻的美好生活

除了鲜花、普通绿植，其实多肉植物也可以是家居装饰的一部分，可爱而鲜活的多肉植物会让整个家的感觉也活力四射。每一株多肉植物都有自己的个性，在家里摆放它们时，需要根据它们的个性进行搭配，比如沉重色系的家具适合明亮色系的多肉植物；现代家具适合搭配小清新感觉的多肉植物；古典的家具适合搭配具有古朴气质的多肉植物。在搭配中，尽量将家居环境和多肉植物的色彩对比感呈现出来，当然也不要忘记兼顾到整体环境的协调性。卫生间、玄关等不太有阳光的地方，尽量摆放耐阴的多肉植物；靠近窗台，有大落地窗的位置可以摆放喜阳的多肉植物。把它们摆在合适的位置，繁忙工作之余就不用花太大力气照顾它们，尽情欣赏它们诗意的美好就好了。这也是生活美学对人的意义，让人感到快乐和幸福，整天的愉悦心情从多肉植物开始在整个家蔓延开来。

感谢家居篇场地提供：梵几
感谢家居篇部分摄影：老牛

卧室。

卧室。

唤醒你的那一片清凉

在床头柜上摆放一盆绿色系的多肉植物，早晨和你一起醒来，满眼都是绿色的清凉，多肉植物灵动的自然气息，让人神清气爽，它在轻轻地唤醒你，该起床啦。需要注意的是，如果卧室采光不好，不要忘记每周定期让它们到阳台上晒晒太阳。

窗台的小景观

窗台是一块很适合大部分多肉植物生长的地方，阳光充足，通风良好，在窗台边的多肉植物不要大，令人有压迫感，也不要太过迷你，合适的尺寸有助于美感的提升。

特别选用了和窗台边缘差不多宽的长方形器皿做多肉植物组合，多肉植物也是选择了一些喜阳的植物。早晨，站在窗前，看着紫玄月迎着阳光开出一朵朵黄色的小花，一天的美好心情就从这里开始了。

窗台

厨房吹进自然风

在厨房忙碌累了时，瞥一眼放置在台案上的多肉植物，绿色的枝蔓、鲜嫩的叶片、朴实的原木质感台面、搭配粗陶盆器中鲜活的植物，一股清新自然风让人疲劳尽散。厨房的多肉植物适合放置在水槽台旁，或者是窗边，如果是开放式的厨房空间搭配那就更好了。在厨房中放置多肉植物组盆唯一需要注意的一点是：一定得放在远离灶台明火的位置，不然灶台的高温会让多肉植物变成“烤肉”。

餐桌。

简约中流动着生命力的餐桌

餐桌是我个人很喜欢的适合放置多肉植物的地方。吃饭时，有美味的菜肴相伴，还可以欣赏到灵动的多肉植物，用餐时，让整个生活清新温暖起来。餐桌一般都是简约形态，没有很多复杂的装饰，直线条桌面，可以选用一些圆形线条

的多肉植物组盆来打破它的规则，或是将单棵的多肉植物排成一列，这样的组合极具律动感，传递出一种流动生命力的设计感。

LW
MW
KW
UKW
MUSIK
SPRACHE
AUS
LAUTSTÄRKE

严谨中的一点小放纵

书架中摆满了书，厚重的文化气息总会给人一种严谨的压迫感。适当的小摆件，再搭配一盆绿色的多肉植物，选书时还能顺便感受植物的清凉和润泽，那种小惬意心情，带着一点点放纵，一点点欢乐。

镂空的书架还适合搭配一大盆色系接近的多肉植物组盆，注意盆器不要超过书架的宽度。

繁复复古的味道

多肉植物莲花座状的老桩很有鲜花的繁复华丽的效果，朴素的柜面、朴素的器皿，更能衬托出多肉植物的美丽。在六屉柜的柜面摆上多肉植物后，硬朗的感觉立刻柔和起来，深色系列的整体搭配，黄色的多肉植物参杂间，复古味道中混合着生动。

沙发。

不动声色地缓慢成长

坐在沙发上，随意地和朋友们聊聊天，喝喝茶，或者舒适地小憩一会儿，享受慢生活带来的愉悦。茶几上摆放着葱郁的多肉植物组盆，它们享受着明亮的阳光，相互映衬，不动声色地陪你和你的朋友们度过每一个阳光明媚的日子。

茶台。

在茶台上绽放婉约之美

如果说整个家适合拍成一张广角照片，那茶台最适合的是来一张微距。它很适合凑近了细细欣赏，因为太精致，太迷你，太不起眼，太容易在一扫而过中被忽略。在茶台上摆放的多肉植物，一定是要具有婉约美，适合细细观赏，选的植物也应气场十足，能够和静谧、禅意的空间搭配在一起。

茶席。

茶席上的风景

茶席上的多肉植物，最适合的搭配莫过于一棵造型独特的小老桩了，所谓老桩就是枝干木质化的多肉植物。这种古典搭配相互呼应，和喝茶的朋友们一起欣赏这道独特的风景，咂摸一肉一世界的境界，大家一起品茶、赏月、赏多肉。

手提箱。

随性中的精致

落地窗的旁边放置一盆单棵群生的多肉植物，白色窗帘的衬托下，显得随意且清新。还可以将多肉植物组盆放在几个旧旧的手提箱上作装饰，岁月的沧桑感，怀旧的风格，将多肉的清爽和灵动衬托得恰到好处。

书桌上的从容惬意

棕色系让人感觉很恬淡，很适合阅读，选用一盆绿色系的多肉植物在书桌上，生气勃勃，一下打破了书桌的厚重色彩，其实也只有这种颜色是可以和醇厚的棕色和谐共处了。看书时累了，欣赏一下多肉植物，内心定会涌动出一股从容惬意的心情。

适时休息的小提醒

记得以前有一种说法，仙人掌是防辐射的，适合放在电脑桌边。其实，仙人掌也是多肉植物。事实上，多肉植物防辐射根本是没有任何根据的，这种说法只是某些商家杜撰出的一个卖点而已。但是，在办公桌边摆放一盆多肉植物，看电脑眼睛累了，可以欣赏一下身边的植物，它会用它无声的语言提醒你，该休息一下了，这种交流是温馨的、快乐的。有时，还会带给你一些灵感，让你的工作动力十足。

让卫浴间也回归自然

日本的很多家庭，都会摆上插花，即使是卫浴间也不例外，花道艺术已经融入了他们的生活中。在马桶蓄水台面放置一盆绿色的群生多肉植物，立刻让卫浴间回归了自然的味道，进入卫浴间的人也会有温馨放松的感觉。还可以将线条优美的多肉植物栽种到欧式花盆里，放在洗漱镜前装饰。由于卫浴间没有日照，应选用耐阴的多肉植物。虽然耐阴，但是它仍需要阳光，不要忘记，常拿到阳光下去晒晒。

玄关

把工作情绪留在门外

多肉植物画框挂起来放在玄关，具有立体感的画面是其他装饰画所不能比拟的。回到家，它们会提醒你是时候转换心情了，不要把工作中的情绪带到家里，家就是一个温暖的地方，其余的就让它留在家的外面吧。需要注意的是相框多肉植物组盆完成后，别忘记让它们平躺放置一段时间，等它们生根，根系抓牢水苔后再挂起来，如果玄关采光不好，记得它们也需要定期晒太阳。

玄关如果有木柜，也可以放在木柜上欣赏。

质朴天然感花架

细长条的木头花架，返璞归真的手作，形状质朴的花架，适合搭配简洁的多肉植物。不用很复杂的组合，几盆单棵多肉植物整齐排列，就能把家居环境的自然风格衬托出来。

下午茶。

欣赏完这样可爱鲜活的多肉植物后，你是不是很想知道：要怎么做才能组出漂亮的多肉植物？你是不是也想放在家中，或是将它送给朋友？跟着JOJO一起来组一组这些有趣的多肉植物吧！

组盆示范篇

● Part 1 放在家里的多肉植物组盆

把可爱的多肉植物组合起来，放在家里的某个角落，或者挂起来作为装饰，让它成为家里的一员。看着郁郁葱葱的多肉植物，不但赏心悦目，还能陪着你度过快乐的或者不快乐的每一天。有了它，从此，你不再孤独。

关不住的满笼春色
鸟笼里的多肉组合

多肉植物的原生环境都是贫瘠地区，
只要有一个角落，它就可以生存，
有时，它会住进鸟笼里，
用它最美丽的姿态，努力歌唱出自己的歌曲。

◎制作过程

① 将水苔泡发，挤至半干，混入缓释肥，放入鸟笼中。

② 用镊子在水苔中扒开一个小孔，种入多肉植物。

③ 确立主要的多肉植物，用相同的方法，继续种入第二棵多肉植物。

④ 依次种入5棵粉白色多肉植物。

⑤ 根据需要，在侧面添加碧玉莲，不仅可以遮挡部分水苔，垂吊下来还有飘逸的效果。

⑤ 种完所有的多肉植物，完成。

◎组合品种推荐

小玉
Fremonsedum 'little Gem'

景天科石莲花属，很容易群生的品种，日照强烈时植株呈现红色，日照不足时为绿色，适合作多肉组盆的垂吊搭配。

碧玉莲
Echinus maximilianus

番杏科刺番杏属，叶片小巧可爱，生长速度较快，春秋季为生长期，适合作垂吊配草，组盆时可以起遮盖土壤的作用。

紫罗兰女王
Echeveria Violet Queen

景天科拟石莲花属，是一个生长快速的品种。通风环境不好或日照不强时，容易徒长，适合作组盆，注意组盆时不要将白粉碰掉。

雪莲
Echeveria lauii

景天科拟石莲花属。叶片匙状肥厚，表面被厚厚白粉，白皙如雪，是传说中的“白富美”。

>> 组盆示范 ● Part 1 放在家里的多肉植物组盆

独居也很美好

玻璃瓶里的多肉世界

独居也很美好
玻璃瓶里的多肉世界

设计这款器皿的姑娘说，
她觉得多肉植物应该有自己的小房子住，
那是一个完全属于它们的空间，
这个空间和人类的世界是隔绝开的，
在那个世界里，只有它们自己。
住在玻璃瓶里的多肉植物，
在自己的世界里应该会很快乐。

◎制作过程

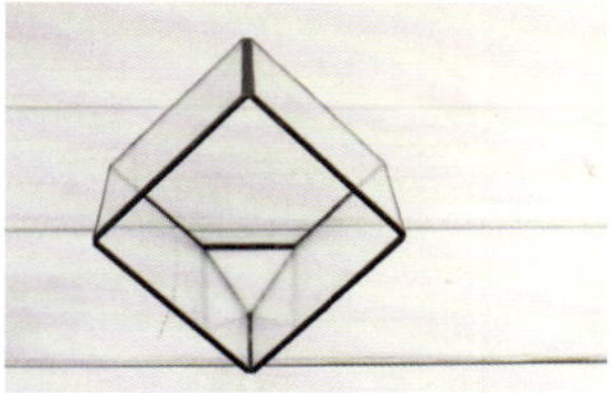

① 准备玻璃器皿。

② 倒入黑色小石子。

③ 倒入几粒缓释肥。

④ 铺上一层黑色小石子，种入多肉植物。

⑤ 完成。

◎组合品种推荐

红彩阁

Euphorbia enopla

大戟科大戟属，原产南非，茎圆筒形，灌木状肉质绿色茎部和红刺对比很美丽，适合组盆造景。

白桦麒麟

Euphorbia mammillaris cv.'Variegata'

大戟科大戟属，绿色柱状茎干，周身有白色锦斑,有一些正从顶部开出漂亮的簇生花序，适合作组盆造景。

碧方玉

仙人掌科星球属，原产墨西哥，中国南北方均有栽培。碧琉璃之四角鸾凤玉称为碧方玉，相较于四角鸾凤玉，其植株无白点，4条阔棱均匀对称，很有趣。

V字斑兜

Astrophytum asterias 'v 'pattern

超兜的一种，植株扁球形，棱脊的刺座密生绒毛，球面丛卷毛组成“V”形图案，非常可爱。

碧琉璃兜

Astrophytum asterias 'Nudam'

仙人掌科星球属，原产美国、墨西哥，小型种，扁圆球，整齐八棱，棱面青绿色，无星点，棱脊密生绒球状刺座，称为疣，组盆时注意不要将植株表面的疣碰掉。

毛羽立兜

Astrophytum asterias 'multipunctata'

仙人掌科星球属，产于美国和墨西哥，植株初为球形，后为扁球形或圆盘状，灰绿球面披白色密集星点，棱脊的刺座上密生绒毛，似一顶顶白色的帽子，由于大颗毛羽立兜和小颗毛羽立兜在外形上变化比较大，适合大小搭配组盆。

清澈萌茁的
白色陶瓷组合

多肉植物色彩丰富，
最适合与白瓷器皿搭配，
纯白色陶瓷能够很好地将多肉植物的萌态衬托出来。
一份可以变换造型的陶瓷组合，
随着每日心情改变，
无时无刻都会展现新鲜感。

◎制作过程

① 准备器皿、铲桶、镊子、刷子等工具。

② 倒入钵底石，占整个盆器1/4的位置。

③ 倒入混合土壤，占整个盆器1/2的量。

④ 用镊子夹住多肉植物底部，将其种入混合土中。

⑤ 铺上装饰土，用刷子刷掉浮尘。

⑥ 完成。

◎组合品种推荐

清盛锦

Aeonium decorum f variegata

原产加那利群岛，又名艳日辉，景天科莲花掌属，整体植株呈莲座状，日照增多会变为金黄色，边缘为红色，很抢眼的一个品种，是组盆时的点睛之笔。

福兔耳

Kalanchoe eriophylla Hilsenb.et Bojer

景天科伽蓝菜属，原产纳米比亚。叶片像兔耳朵，表面覆盖细密的白色绒毛，组盆后浇水时注意不要浇到叶片上。

新花月锦

Crassula obiqua f variegata

景天科青锁龙属，是花月的斑锦品种，对生叶子，叶面呈黄绿两种颜色，叶片边缘为红色，斑斓多彩，是组盆中能够出彩的品种。

露娜莲

Echeveria lola

景天科拟石莲花属，丽娜莲和静夜的混种，叶面被粉，日照增强，叶片会呈粉紫色，层次分明，受到大家的喜爱，适合组盆。

姬胧月

Graptoveria Gilva

景天科风车草属，小型品种，受到强烈日照后会成深红色，适合作多肉组盆中的陪衬，老桩适合单独欣赏。

青星美人

Pachyhytom 'Dr Cornelius

景天科厚叶草属，原产墨西哥中部。叶片疏散排列成莲座状，叶色翠绿，阳光充足时叶尖会发红。

星美人

Pachyphytum oviferum

又名白美人，景天科厚叶草属，原产墨西哥。肉质叶，叶面被粉。组盆时注意不要将粉蹭掉，影响美观。

黄丽

Sedum adolphii

景天科景天属，蜡质叶片在日光充足时会呈现金黄色，边缘会有红色，如果日照不充足则会徒长变成绿色。组盆时，用作主角或陪衬都不错。

桃之卵

Graptopetalum amethystinum

景天科风车草属，卵形叶片肥厚，日照充足会呈现令人沉醉的粉红色，如同熟透的桃子，非常萌。

子持莲华

Orostachys boehmeri

景天科瓦松属，原产东南亚。植株小巧，多分支，叶片灰绿色，呈莲座状，表面被粉。组盆时注意小心操作，因为叶面很容易被划伤。

色彩斑斓节日必备的 多肉植物吊篮组合

与节日搭配起来的植物，必是色彩洋溢的感觉。
当多肉植物的丰富色彩遇到缤纷节日，
不用特别设计，都将体现奇妙的灵感，
心情也会不由自主地好起来。
这种多肉组合适合每一个欢乐的节日。

◎制作过程

① 取出一部分干水苔放入无孔的碗中。

② 往水苔中注入自来水，浸泡大约10分钟，让水苔充分吸满水分。

③ 将水苔捞出，挤到半干。

④ 把水苔放入器皿中一层层铺平，期间洒入缓释肥。

⑤ 用镊子在水苔上挖出一个小孔，往孔中种入多肉植物。

⑥ 一棵棵多肉植物按照预先的设想慢慢种入。

⑦ 大棵的多肉植物全部种好。

⑧ 在大棵多肉植物的缝隙处，填入一些小棵的多肉植物，将水苔遮盖起来，完成。

◎组合品种推荐

花月夜

Echeveria pulidonis

景天科石莲花属，有厚叶型和薄叶型，日照得当时叶片边缘呈红色，莲花状。

美妮月迫

Echeveria Minima hybrid

也有人叫红姬莲，是姬莲的杂交品种，日照强烈时整棵植株都会呈现粉红色，植株叶片靠近底部和中间位置的部分为翠绿色。

雪莲

Echeveria laui

景天科拟石莲花属。叶片肥厚呈汤匙状，表面被厚厚白粉，组盆时可用来表现明快的感觉。

格林

Graptoveria cv 'A Grim One'

景天科风车草属与拟石莲花属杂交品种。

霜之朝

Echeveria sp.simonoasa

景天科拟石莲花属，叶片表面被白粉，组盆时注意不要将粉蹭掉。

红宝石

Echeveria pink ruby

景天科拟石莲花属和景天属杂交，日照充足时呈现红色，日照不充足则会变成绿色，很容易群生，组盆时注意留出生长间距。

蒂比

Echeveria Tippy

景天科拟石莲花属，杂交品种，日照充足时叶片会出现小红爪。粉若桃花，白似凝脂。

新玉缀

Sedum morganianum var. burrito

景天科景天属，原产墨西哥。叶端圆形，植株匍匐生长，绿色，组盆时可悬挂垂坠，小株型适合作组盆中的陪衬，组盆时注意叶片易脱落。

祇园之舞

Echeveria shaviana

景天科拟石莲花属，原产墨西哥。叶片莲花座排列，表面披被白色粉末，叶片边缘如蕾丝边般呈不规则形状。

女雏

Echeveria cv. Mebina

景天科拟石莲花属，叶片淡绿，秋冬季叶尖呈粉红色。

扮靓你的窗台
吊挂起来的风景

四季风景在你的窗前悬挂，
种在玻璃器皿里的多肉植物组合，
悬挂起来，让你足不出户就可以拥有自然风景，
享受一份不一样的生活。

◎制作过程

① 准备透明带孔玻璃器皿，可以选择好看一些的土壤，更有观赏性。

② 在玻璃器皿中倒入白色小石子，向小石子中添加一些缓释肥。

③ 种入多肉植物。

④ 另一个玻璃瓶用黑色小石子以相同的方法种入多肉植物。

⑤ 在玻璃器皿的顶部系上麻绳以便悬挂。

⑥ 完成。

◎组合品种推荐

A. 若歌诗
Crassula rogersii

景天科青锁龙属，原产非洲南部。植株易丛生，茎细柱状，淡绿色，叶对生，有细短绒毛，冷凉季节在光照下叶片会转红，适合组盆。

B. 松之银
Crassula 'frosty'

景天科青锁龙属，株型不大，绿色叶片上有白色斑点，单株适合组盆，群生适合单独欣赏。

C. 吉娃娃
Eoheveria chihuahuaensis

也叫吉娃莲，景天科拟石莲花属，叶片肥厚，叶片顶端有红色小尖，形状酷似一朵盛开的莲花，却不凋零，大棵吉娃娃很适合作多肉组合的主角。

冰箱上的花园

红陶花盆冰箱贴

红陶花盆冰箱贴，盆栽造型，好看又好玩，
一个活着的，随时变化的冰箱贴，
一个需要光照和水分以及养料的冰箱贴，
好好照顾它，
每个季节它都会有不同的变化呈现。

◎制作过程

① 准备锯齿刀、直尺、铅笔和红陶盆。

② 将红陶盆浸泡在水中约1小时，吸饱水分。

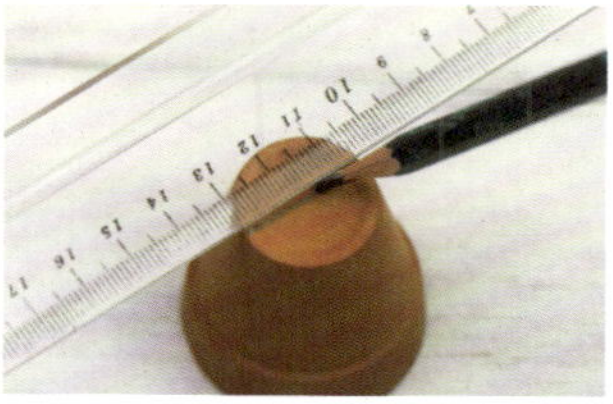

③ 用铅笔和直尺在红陶盆上画出裁切线的位置。

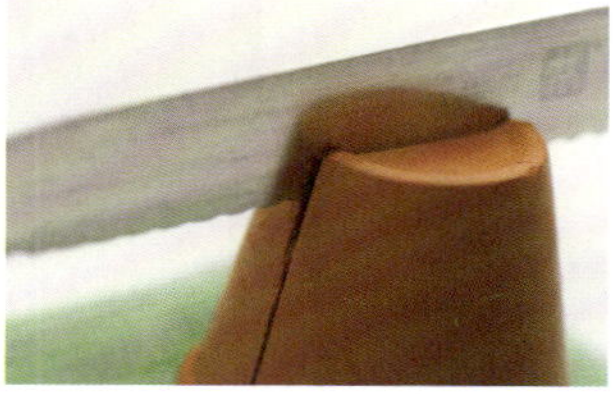

④ 用锯齿刀从底部慢慢沿裁切线锯开。

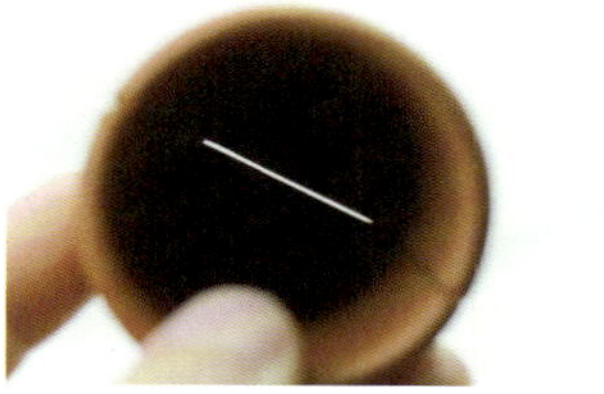

⑤ 底部锯到见光程度后，开始沿裁切线锯红陶盆内侧和外侧。

⑥ 对半锯开。

⑦ 用砂纸将红陶盆边沿磨平。

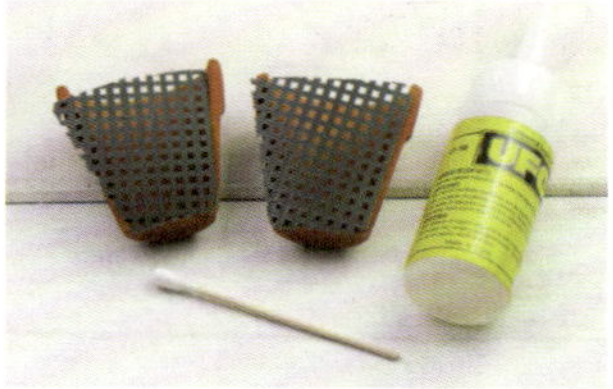

⑧ 将防虫网剪到合适大小，与红陶盆粘牢。

⑨ 粘上吸铁石，完成。

◎组合品种推荐

A. 紫珍珠
Echeveria cv. Pleale von Nurnberg

景天科石莲花属，拥有粉紫色叶片的莲花座多肉植物，较适合组盆，唯一需要注意的是这个品种比较容易暴发介壳虫。

B. 冬美人
Pachyveria pachyphytoides Walth

也叫东美人，景天科厚叶草属，较之桃美人叶片稍长稍尖，表面被粉，适合在组盆中体现出萌物的特点。组盆时注意不要碰掉叶子和叶片表面的白粉，其老桩适合单独欣赏。

C. 八千代
Sedum pachyphyllum

景天科景天属，整体淡绿色，日照充足时叶尖会出现红色。非常好养的一个品种。

适合放在茶台上的 多肉匣钵组合

匣钵是烧窑时为防止釉面和胚体受到破坏而使用的一种工具，
烧完的匣钵，取出瓷器后，已然完成了它的使命，
但其实，它还有更大的用途。
匣钵有一种独特的美感，
加上透气性极好，非常适合种植多肉植物，
古典的匣钵和多肉植物搭配组合在一起，
适合放置在茶席的一侧，
一边品茶，一边慢慢欣赏。

◎制作过程

① 准备匣钵。

② 倒入钵底石。

③ 倒入混合土壤。

④ 用镊子夹住植物茎根部位，往土壤里种入多肉植物。

⑤ 将所有多肉植物按照上述方法种入。

⑥ 铺入装饰土，完成。

◎组合品种推荐

芙蓉雪莲

Echeveria cv.Laulindsayana

景天科石莲花属，杂交品种，叶片较雪莲细长，表面被白粉，日照增多会变为粉红色，适合组盆，组盆时注意不要将白粉蹭掉，影响美观。

紫珍珠

Echeveria cv. Pleale von Nurnberg

景天科石莲花属，拥有粉紫色叶片的莲花座多肉植物，较适合组盆的一个品种，紫色系，唯一需要注意的是，它也是比较容易暴发介壳虫的品种。

露娜莲

Echeveria lola

景天科拟石莲花属，丽娜莲和静夜的混种，叶面被粉，日照增强时叶片会呈粉紫色，层次分明，适合组盆。

星美人

Pachyphytum oviferum

又名白美人，景天科厚叶草属，原产墨西哥 ，肉质叶，叶面被粉，组盆时，注意不要将粉蹭掉，影响美观。

特玉莲

Echeveria. Runyonii cv. 'Topsy Turvy'

景天科石莲花属，原产墨西哥。常年绿色，表面被白粉，叶片中部向上皱起，台湾管这个品种叫天旋地转，由于株型独特，适合组盆作主角。

千佛手

Sedum sediforme

又名王玉珠帘，景天科景天属，整株色彩为绿色，叶尖稍尖，日照增强会偏红色，极易繁殖。

黄丽

Seaum adolphii

景天科景天属，蜡质叶片在日光充足会呈现金黄色，边缘会有红色，如果日照不充足会徒长变成绿色，适合组盆，用作主角或陪衬都不错。

挂起来的装饰活画面
多肉植物相框

多肉植物除了可以放在阳台欣赏，
还可以放在屋子的一角做绿植装饰，
甚至可以像装饰画一样挂起来，
成为客厅的主角。
它的色彩会随着四季更替而不断变化，
让每一位到场的客人都赞叹不已。

◎制作过程

① 取出泡好的水苔，拧至半干。

② 抽出一小部分水苔，用镊子一点点将其塞入方格中。

③ 撒一些颗粒肥（因水苔本身没有养分），继续铺入水苔。

④ 将整个相框填满水苔后，用镊子扒开一个小孔，往孔里种植多肉植物。

⑤ 用镊子夹住多肉植物根茎位置一棵一棵地种植。

⑥ 可以根据需要调整多肉植物的位置，取出多肉植物时也需夹住植物根茎部位，不要硬生生拔取。

⑦ 种植完毕后，将叶面的水苔清理干净，并将组好的多肉相框平放一段时间，大概一个月左右，等多肉植物生根抓牢水苔后再立着放置。

◎组合品种推荐

白凤
Echeveria cv. Hakuhou

景天科石莲花属，属于体型较大的石莲花，叶面被粉，最大直径可以超过20厘米，可全日光照，正常为绿色，日照时间增多后会绿中带粉红色，成株适合大型组盆。

霜之朝
Echeveria sp.simonoasa

景天科拟石莲花属，叶片表面被白粉，组盆时注意不要将粉蹭掉。

黄丽
Sedum adolphii

景天科景天属，蜡质叶片在日光充足时会呈现金黄色，边缘会有红色，如果日照不充足会徒长变成绿色，组盆时适合用作主角或陪衬都不错。

红叶祭
Crassula Momiji Matsuri

景天科青锁龙属，杂交品种，叶片较火祭偏尖，体型也比较小，易发侧芽，在日照强的时候呈红色，适合做组盆。

冬美人
Pachyveria pachyphytoides Walth

也叫东美人，景天科厚叶草属，较之桃美人叶片稍长稍尖，表面被粉，其老桩适合单独欣赏，适合在组盆中体现出萌物的特点，组盆时注意不要碰掉叶子和叶片表面的白粉。

星美人
Pachyphytum oviferum

也叫白美人，为景天科厚叶草属，原产墨西哥，表面被白粉，整个植株为白色。

白牡丹
Graptoveria Titubans

景天科风车草属与拟石莲花属的杂交品种。整体植株呈莲座状，平时为白色，日照增强，叶片和叶尖为粉红色，老桩适合单独欣赏，属于组盆中常用的品种之一。

紫珍珠

Echeveria cv. Pleale von Nurnberg

景天科石莲花属，拥有粉紫色叶片的莲花座多肉植物，较适合组盆的一个品种，需要注意的是，它也是比较容易暴发介壳虫的品种。

清盛锦

Aeonium decorum f・variegata

原产加那利群岛，又名艳日辉，景天科莲花掌属。整体植株呈莲座状，日照增多会变为金黄色，边缘为红色，很抢眼的一个品种，是组盆时的点睛之笔。

姬秋丽

Graptopetalum mendozae

景天科风车草属，小型品种，叶片饱满圆润，日照强烈为粉红色，果冻感色系，令人爱不释手，爱掉叶子，组盆时需要注意。

立田锦

Echeveria Pachyveria 'Albocarinata'

景天科拟石莲花属，叶片淡蓝色，表面有一层白霜，叶片中间有槽是最大的特点，莲花座状，株型极为优雅，适合作多肉植物组盆的主角。

初恋

Echeveria cv. Huthspinke

景天科拟石莲花属，叶面披被薄薄的白粉。日照不强时叶片为绿色，日照强烈时为粉红色，美感十足，适合组盆。

姬胧月

Graptoveria Gilva

景天科风车草属，小型品种，日照强烈时为深红色，适合作组盆中的陪衬，老桩适合单独欣赏。

胧月

Graptopetalum paraguayense

又叫宝石花，景天科风车草属，原产于墨西哥伊达尔戈州。叶片肥厚，呈卵形，叶色淡紫或灰绿色，因状似莲花，在台湾也叫“石莲花”，株型比姬胧月大。适合组盆。

>> 组盆示范 ● Part 1 放在家里的多肉植物组盆

充满厚重感的

古典多肉植物组合

不用生长很多年，也可以将手里的多肉植物变成群生多肉老桩，
这里有一个秘密，悄悄告诉你，
就是找若干相同品种的多肉植物种在一起，
看着就像是一个群生老桩的组合，
再配上实木镂空的器皿，
极具古典之美。

◎制作过程

① 准备水苔，将水苔放入瓷盆中。

② 用水泡发水苔，大概10分钟。

③ 将泡发好的水苔挤至半干，捞出，倒掉水。

④ 将多肉植物聚集在一起，用水苔包裹起来，其间放入颗粒缓释肥，用绳子将其捆起来。

⑤ 将捆好的多肉植物放入镂空的实木器皿中，完成。

◎组合品种推荐

梦美人

Echeveria Ginkouren

又名银红莲，景天科拟石莲属，叶片表面被白粉，日照强烈时，叶尖和底层叶片会慢慢开始变成橘红，整体粉粉的，的确适合它的名字。

超凡脱俗拥抱大自然的
森系多肉组合

十二卷属的多肉植物总是给人一种清新的感觉，
配上白色器皿，更加能凸显出它们的洁净。
十二卷属植物的根系发达，不适合组合在浅盆里，
深一些的器皿会更适合它们的生长。
一盆绿色小清新的多肉组合，
放在书桌边，累了就抬头看看它，
是不是感觉疲惫尽散？

◎制作过程

①在器皿中倒入钵底石。

②放好植物后，倒入部分混合土壤，因为十二卷属植物的根系较深，故而需要一边放植物，一边添加土壤。

③用相同的方法种入第二棵多肉植物。

④种入第三棵多肉植物。

⑤将所有大棵的多肉植物先种入器皿中。

⑥最后种入小棵多肉植物，铺上装饰土，完成。

◎组合品种推荐

鹰爪十二卷

Haworthia reinwardtii

独尾草科十二卷属。原产南非。绿色叶面有如鹰爪一般，形状锐利的硬质叶片上分布着白色的疣状突起。

紫翠

Haworthia

独尾草科十二卷属，肉质草本叶片，叶片三角箭剑形，背面有疣状突起，叶片硬质。

小人座

Haworthia chloracantha var. denticulifera

独尾草科十二卷属，肉质三角叶片带锯齿，顶端尖形，日照不足偏绿色，叶片呈莲座状排列，日照强烈时叶片为红色。

姬凌锦

Haworthia herbacea

独尾草科十二卷属，叶片肉质，莲座状排列，叶片两侧生有白色绒毛。适合组盆。

条纹十二卷

Haworthia fasciata

独尾草科十二卷属，肉质草本，叶片三角披针形，硬质叶背有白色疣状突起。组盆时比较出彩。

白斑玉露

Haworthia cooperi cv.'Variegata'

独尾草科十二卷属，多年生肉质草本，顶端角锥棒状肉质叶，呈半透明状，绿色叶片具白色斑纹，光照过少时，株形易松散，搭配组盆时很好用的品种之一。

玉扇

Haworthia truncate

独尾草科十二卷属，叶肉质，排成两列呈扇形，叶片直立，截面部分透明，呈灰白色，像被切过一样，因此又称截形十二卷。组盆时不建议过多使用这个品种。

玉露

Haworthia obtusa var.pilifera

独尾草科十二卷属，肉质叶片肥厚饱满，莲座状排列，翠绿色，上半段呈透明或半透明状，称为“窗”。

康氏十二卷

Haworthia comptoniana

独尾草科十二卷属，原产南非。无茎矮生多肉植物，叶片呈莲座状排列，半圆柱形，顶端呈水平三角形，截面平而透明，形成特有的“窗”结构，窗上有明显脉纹。

古朴典雅的
单棵多肉植物

多肉植物的老桩，
株形特别的多肉植物，
气场强大的单株植物，
也许并不适合组盆欣赏。
就这样，
一棵也美丽。

◎制作过程

①准备有孔器皿、防虫网、刷子、镊子、铲桶。

②将防虫网铺在器皿底部。

③倒入钵底石。

④倒入混合土壤。

⑤种入多肉植物。

⑥铺上装饰土，完成。

◎组合品种推荐

龟甲龙

Dioscorea elephantipes

薯蓣科薯蓣属，原产南非和墨西哥。茎基部膨大形成龟裂的独立小块，夏季休眠，为冬季生长品种，茎顶部抽出小茎长出对生叶片，褐色块茎配上绿绿的叶片适合单独欣赏。

奏出美妙的多肉音符

尤克里里多肉组合

一把坏掉的尤克里里，
再也无法奏出美妙的音乐，
舍不得扔掉，
种入多肉植物，它又恢复了往日的生气，
虽是奏不出琴音，
但植物的鲜活音符却在琴弦上跳动，
这是一串充满了生命力的音符。

◎制作过程

① 准备尤克里里，移走所有坏掉的琴弦。

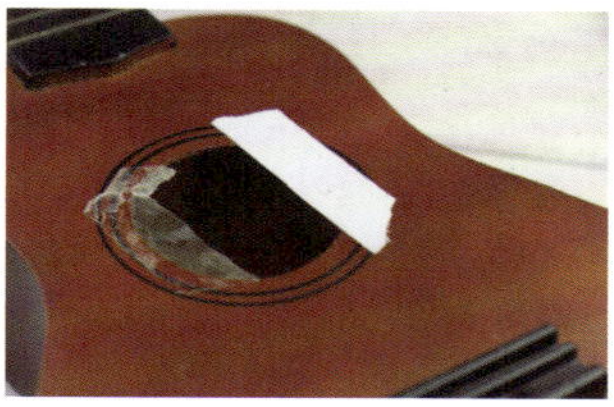

② 在尤克里里音孔边缘位置粘上双面胶。

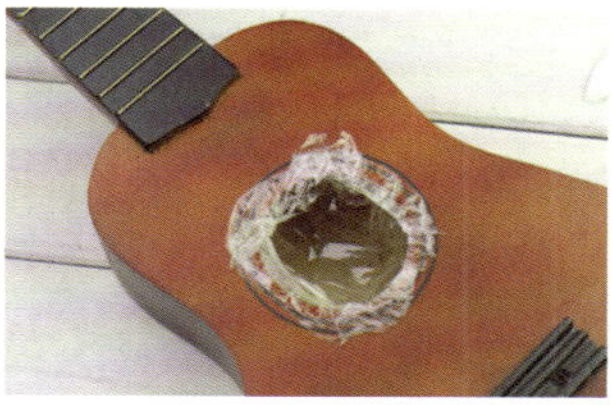

③ 粘上透明塑料，压紧，压实，成袋状，可以装土且防水。

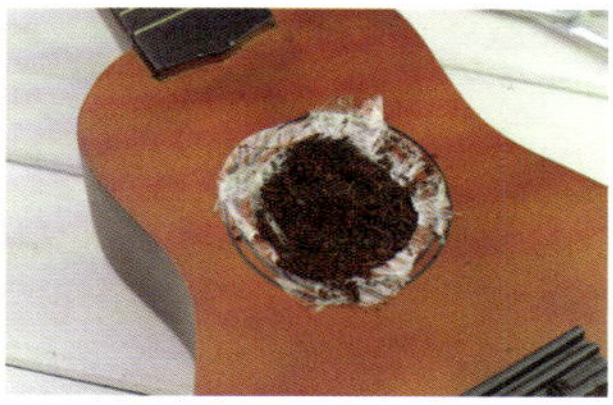

④ 往音孔处填入土壤并放入肥料。

⑤ 种入多肉植物，完成。注意得种一段时间等植物根部抓牢土壤后，方可立着摆放，浇水时尽量不要浇到琴身。

◎组合品种推荐

A. 爱之蔓
Rosary Vine

萝藦科吊灯花属，肉质叶对生，心形，银灰色，如日照强会呈粉红色，适合组盆时作垂吊。

B. 尼克莎拉
Echeveria 'Nicksana'

景天科拟石莲花属，小型品种。绿色的叶子，日照充足时边缘会出现红边，很漂亮，适合组盆，老桩适合单独欣赏。

C. 黑兔耳
Kalanchoe tomentosa 'Chocolate Soldier'

景天科伽蓝菜属，原产马达加斯加。生长很缓慢，细长的椭圆形叶子表面披细密绒毛，日照强烈为棕色，很可爱，适合组盆。

节约空间的

多肉红陶风铃组合

红陶是园艺中用得比较多的一种盆器，
由于它透水透气性强，价格便宜，
用的人也比较多，基本随处可见，
但是它很普通，没有很独特的外形特点，
如果想让它显得不那么平凡，
就自己动手让它大变身吧！

◎制作过程

① 准备几个带底孔的红陶盆。

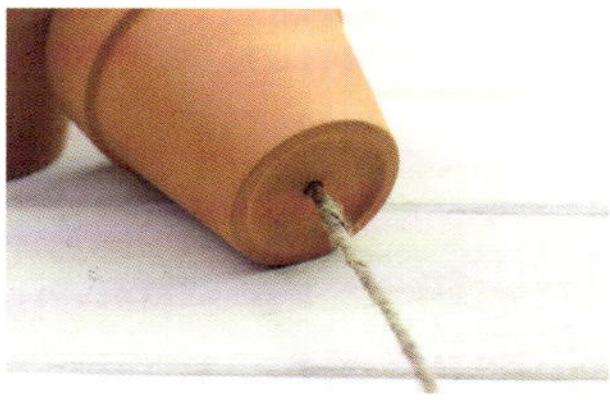

② 从红陶盆底孔处穿入麻绳。

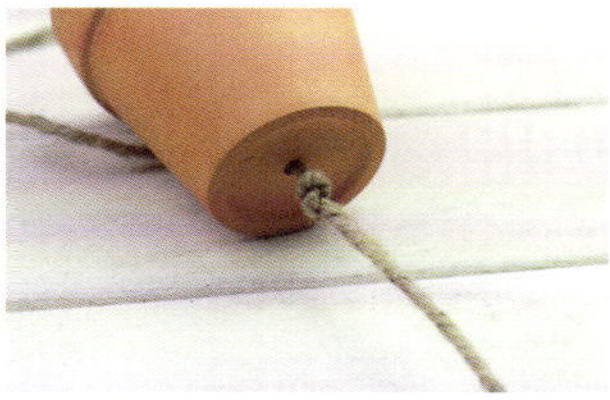

③ 在底孔背面位置打一个死结，死结大小需比底孔大，保证红陶盆不会往下滑落。

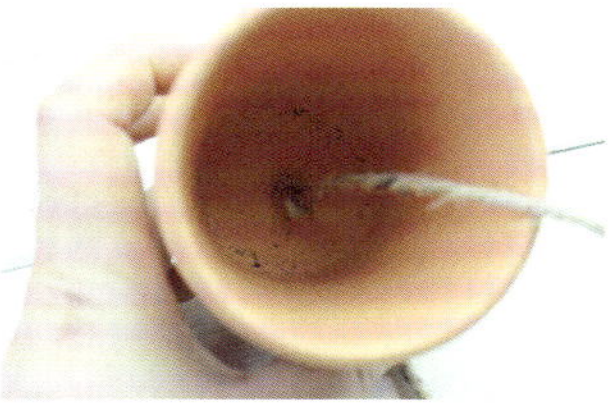

④ 在红陶盆内侧打一个死结，将红陶盆牢牢固定在麻绳上，不会上下移动为宜。

⑤ 在红陶盆盆口偏上位置打一个死结，准备穿入第二个红陶盆。

⑥ 穿入第二个红陶盆，盆的底孔位置打死结，将第二个盆固定在麻绳上，保证其立着不会向下移动。

⑦ 如图所示，两个红陶盆完全可以立起来。

⑧ 将所有红陶盆按照以上的方法穿起来。

⑨ 种入多肉植物，完成。

◎组合品种推荐

柳叶椒草

Peperomia ferreyree

胡椒科草胡椒属，原产秘鲁。全株肉质，常绿草本植物，嫩绿的颜色在组盆中搭配时相当出彩。

千佛手

Sedum sediforme

又名王玉珠帘，景天科景天属。整株色彩为绿色，叶尖稍尖，日照增强会偏红色，极易繁殖。

新玉缀

Sedum morganianum var. burrito

景天科景天属，原产墨西哥。叶端圆形，植株匍匐生长，绿色，组盆时悬挂垂坠，小株适合作组盆中的陪衬，组盆时注意叶片易脱落。

松之银

Crassula 'frosty'

景天科青锁龙属，株形不大，绿色叶片上有白色斑点，单株适合组盆，群生适合单独欣赏。

象牙塔

Crassula ivory pagoda

景天科青锁龙属，表面有白色细毛，外形小且生长速度缓慢，组盆浇水时注意不要将水浇到植株上。

十字星锦

Crassula perforate 'Variegata' thumb

景天科青锁龙属，是一种斑锦变异品种，叶片色彩由绿色到黄白渐变，适合组盆作主角陪衬。

雅乐之舞

Portulacaria afra var.foliis-variegatis

马齿苋科马齿苋属，原产南非。马齿苋树的斑锦变异品种，叶片对生，日照增强时叶片绿色到黄白色渐变，边缘粉红，多年生雅乐之舞适合单独欣赏，组盆时能够提亮整体色彩。

黄丽

Sedum adolphii

景天科景天属，蜡质叶片在日光充足时会呈现金黄色，边缘会有红色，如果日照不充足会徒长变成绿色，组盆时用作主角或陪衬都不错。

姬胧月

Graptoveria Gilva

景天科风车草属，小型品种。日照强烈时为深红色，适合作组盆中的陪衬，老桩适合单独欣赏。

清盏锦

Aeonium decorum f · variegata

原产加那利群岛，又名艳日辉，景天科莲花掌属。整体植株呈莲座状，日照增多会变为金黄色，边缘为红色，很抢眼的一个品种，是组盆时的点睛之笔。

锦司晃

Echeveria setosa Hybrid

原产墨西哥，景天科石莲花属。茎和叶都覆盖一层细毛，日照强烈时叶片从边缘开始慢慢变成红色，很容易长成木本植物，生长较快，作组盆时注意留出适当的生长空间。

丛珊瑚

Crassula 'Coralita'

景天科青锁龙属，叶片密生四方状，日照充足会变为绿色偏白。适合组盆。

钱串

Crassula perforate

景天科青锁龙属，小型品种。日照增强时边缘会慢慢变红，适合作组盆时的搭配，或作为小场景的布景植物，老桩适合单独欣赏。

挂在窗前的
海螺多肉风铃

每次去海边都会捡一堆海螺和贝壳，
如果家里没有鱼缸，其实大部分的海螺是没有用的，
不如动手做一个海螺风铃的多肉组合吧，
把它们挂起来，变成一串灵动的风铃，
风来了，可以听声音，
风停了，可以赏肉景。

◎制作过程

① 准备一根粗的麻绳和一截树枝。

② 将粗麻绳打一个结。

③ 打好结的粗麻绳系在树枝的一头，用相同办法在树枝另一头也系上麻绳，形成一个提手。

④ 准备细麻绳和空海螺。

⑤ 将细麻绳打一个死结，这样可以保证捆海螺时，绳子不会滑落。

⑥ 用打好结的细麻绳捆住海螺，最好在海螺凹陷处捆绑，以便卡紧。

⑦ 将所有海螺按照这个方法捆好，注意捆时做到高低不同，错落有致。

⑧ 用水苔包裹多肉植物种入海螺中，注意水苔中添加几粒缓释肥。

◎组合品种推荐

新花月锦

Crassula obliqua f variegata

景天科青锁龙属，是花月的斑锦品种，对生叶片，叶面呈黄绿两种颜色，叶片边缘为红色，斑斓多彩，是组盆中能够出彩的品种。

琉璃姬孔雀

Aloe haworthioides

芦荟科芦荟属，肉质叶密集丛生，呈莲座状排列，叶片剑形，深绿色，叶缘及叶表均被柔软细白毛肉刺突起。

吉娃娃

Eoheveria chihuahuaensis

也叫吉娃莲，景天科拟石莲花属，叶片肥厚，叶片顶端有红色小尖，形状酷似一朵盛开的莲花，却不凋零，大棵吉娃娃很适合作多肉组合的主角。

冬美人

Pachyveria pachyphytoides Walth

也叫东美人，景天科厚叶草属，较之桃美人叶片稍长稍尖，表面被粉，适合在组盆中体现出多肉萌的特点，组盆时注意不要碰掉叶片及其表面的白粉，它的老桩适合单独欣赏。

鹿角海棠

Delosperma lehmannii

番杏科鹿角海棠属，原产非洲西南部。多年生常绿多肉草本，常呈亚灌木状，分枝多呈匍匐状。叶片肉质对生，具三棱。

组盆示范篇

● Part 2 送给朋友的多肉植物礼物

快乐与人分享，就成为两份快乐，和朋友们一起分享你亲手做的多肉植物组盆。他/她收到这份你为他/她私人定制的礼物，肯定会很开心的。懂得分享的人，才是最幸福的。

感谢本页摄影：老牛

迷人又美丽的生石花
潘多拉的盒子

希腊神话中，潘多拉由于好奇打开了盒子，
所有的瘟疫、忧伤、灾祸都跑到了人间，
潘多拉害怕了，慌乱中关上了盒子，
盒子中还剩下希望。
不管遭遇何种困境，它都是人类一切不幸中的唯一安慰。
打开这盆满是生石花的盒子，
有给你带来希望的生机吗？

◎制作过程

① 准备混合土壤、钵底石、装饰土和木盒子。

② 将透明薄膜铺在木盒子底部，防止浇水时浸泡木盒腐烂。

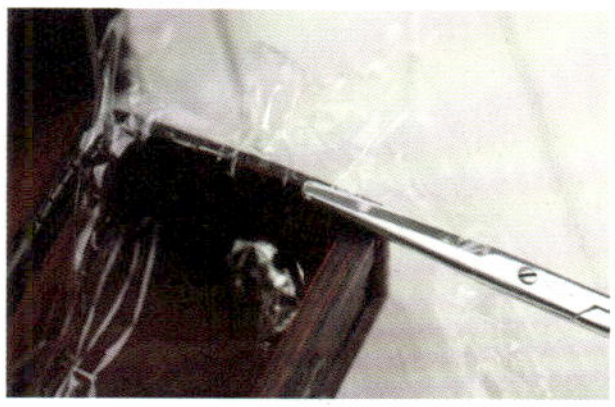

③ 用剪刀将多余的薄膜剪掉。

④ 铺入钵底石。

⑤ 铺入混合土壤。

⑥ 种入生石花。

⑦ 将所有生石花种入盒中。

⑧ 用赤玉土铺面，完成。

◎组合品种推荐

生石花属｜Lithops｜

原产纳米比亚和南非的岩缝中和半沙漠地区。叶片中间有裂缝，裂缝开花，花呈雏菊状，多用分株法繁殖。

幻玉

Dintheranthus wilmotianus

番杏科春桃玉属，原产南非。冬种型，光照加强会有淡淡的粉色，适合用来组盆。

微纹玉

L. fulviceps v. fulviceps

番杏科生石花属微纹玉系，原产纳米比亚。

丸贵玉

L. hookeri v. marginata

番杏科生石花属富贵玉系，原产南非。

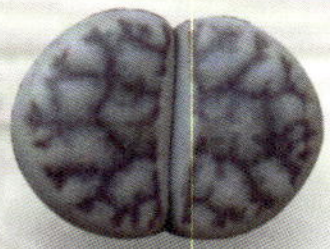

丽虹玉

L. dorotheae

番杏科生石花属丽虹玉系，原产南非。

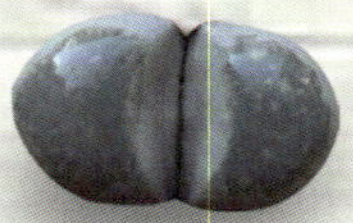

茧形玉

L. marmorata

番杏科生石花属茧形玉系。

福来玉

L. juli ssp. fulleri v. fulleri

番杏科生石花属朝贡玉系，原产南非。春秋季为生长季，喜阳光，耐高温。

淡雅文艺范儿的
多肉植物花束

一场华丽的婚礼，少不了美丽的手捧花，
这款欧式花束，随意的开放式造型，
整体色系使用绿白两色，
配上同色系的蓝绿色多肉植物，
一棵黄金球穿插其间，
淡雅清馨，
非常适合文艺小清新们。

感谢本页特别协助：魏宁、家琪

◎制作过程

鲜花材料

奶白色芬德拉玫瑰，尤加利果，水仙百合，扇贝草，白色毛茛，黄金球，刺芹，珊瑚果，白色龙胆。

① 准备花艺钳、花艺胶带、花艺铁丝等工具。

② 将粗铁丝穿过多肉植物后对折。

③ 用花艺胶布将多肉植物固定在铁丝上。

④ 固定好之后，添加尤加利果，陆续添入扇贝草和水仙百合。

⑤ 加入白色毛茛，调整造型，保持随意性。

⑥ 将刺芹的花去掉，只留花托和茎干，加入到花束中。

⑦ 用透明胶带将花束固定住，缠上白色丝带。

⑧ 用白色珠针固定住丝带接口处，完成。

⑨ 花束暂时不使用时，务必将花束泡入水中，以不接触丝带位置的深度为宜。

◎组合品种推荐

七福神杂交

杂交品种，蓝绿色叶子形成莲座状，适合用来作组盆中的主角。缀化和群生时，单独使用这个品种也很好看。

灰姑娘梦想中的
多肉植物高跟鞋

灰姑娘梦想中的
多肉植物高跟鞋

高跟鞋是女人的专利，
是每位女人从小就会想要拥有的一件礼物，
总以为穿上它人生就会不一样。
多肉植物和高跟鞋的组合，
低调绽放却又令人注目，
不管你是女人，还是男人，
不管是老人，还是小孩，
都可以拥有它。

◎制作过程

①找一个无底孔盆钵，放入水苔，倒入自来水。

②浸泡大概10分钟至水苔完全泡开。

③将泡好的水苔挤至半干，捞出。

④用镊子将水苔填入高跟鞋中，并放入少量缓释肥。

⑤用镊子将水苔扒开一个小孔，种入多肉植物，作为主角。

⑥陆续种入其他多肉植物，作为陪衬，完成。

◎组合品种推荐

白牡丹

Graptoveria Titubans

景天科风车草属与拟石莲花属的杂交品种。整体植株呈莲座状，平时为白色，日照增强，叶片和叶尖为粉红色，老桩适合单独欣赏。很常见的品种，属于组盆中常用的品种之一。

江户紫

Kalanchoe marmorata

江户紫，景天科伽蓝菜属，原产非洲的索马里、埃塞俄比亚。叶片倒卵形，叶缘有不规则的波状齿，蓝灰至灰绿色，被有一层薄薄的白粉，表面有红褐至紫褐色斑点或晕纹。

虹之玉锦

Sedumrubrotinctumcv. 'Avrora'

景天科景天属，为虹之玉的斑锦品种，植株在日照强烈时呈美丽的粉红色，聚在一起非常好看，很适合组盆使用。

红稚莲

Echeveria macdougallii

景天科石莲花属，原产于墨西哥。莲座型叶片松散排列，平时为绿色，日照增强、温差加大时会变成红色。其生长迅速，组盆时应注意预留足够空间。

魔南景天

Monanthes brachycaulon

迷你品种，适合组盆时作为填充植株使用。

八千代

Sedum corynephyllum

景天科景天属，整体淡绿色，日照充足时叶尖会出现红色，非常好养的一个品种。

清新田园风格的
多肉小草帽

妈妈,你可曾记得,
你送给我那草帽,
很久以前我失落了那草帽,
它飘摇着坠入了雾积峡谷。
……

电影《人证》的这首插曲总会让我想起少年时期遗失的那顶花边小草帽。
戴着帽沿种满多肉植物的小草帽，
行走在路上，
应该是一件很拉风的事儿吧。
可爱的小草帽，以多肉植物作为装饰，
更为生动可爱了。

◎制作过程

① 将花艺铁丝缠绕在多肉植物的根部，固定结实。

② 剪掉多余的根须。

③ 将绑好多肉植物的花艺铁丝从正面穿过草帽的缝隙到草帽内侧。

④ 穿好的铁丝在草帽内侧拧成一股麻绳状。

⑤ 将麻绳状的铁丝再穿回到草帽正面，保证草帽内侧的光滑，同时，用植物遮住铁丝，不要露出铁丝。

⑥ 第一棵多肉植物绑好固定在草帽上。

⑦ 以相同的方法再把其他多肉植物固定在草帽上，完成。

◎组合品种推荐

绿之铃

Senecio rowleyanus

又名佛珠，菊科千里光属，原产非洲西南部，圆球形叶，肉质，绿色叶片中心有一条透明纵线。适合作吊兰的品种，组盆时，适合悬挂垂吊造型。

熊童子

Cotyledon ladismithen

景天科银波锦属，原产非洲，绿色厚叶对生，倒卵球形，上披细短白色绒毛，尖端有红褐色突起，似初生绒毛的小熊脚掌般可爱。组盆时注意不要将土壤掉在叶片上，不好清理。

蛛丝卷娟

Sempervivum arachnoideum

景天科长生草属，叶片扁平细长，叶尖有白色的丝，这些丝会相互缠绕，形成非常漂亮的形状，看起来就像织满了蛛丝的网。组盆时注意不要将灰尘弄到叶片上，不好打理，由于生长很快且易群生，需要考虑留出一定的生长空间。

绫樱

Sempervivum tectorum

景天科长生草属，原产欧洲南部地中海地区。肉质草本，叶较厚，莲座状，耐寒，适合组盆。

球松

Sedum multiceps

也称小松绿，景天科景天属，原产北非的阿尔及利亚。植株低矮，多分枝，株形近似球状，肉质叶近似针状，因为本身长得很像一棵盆景，很适合组盆中作场景造景使用。

送给朋友最好的礼物

多肉植物礼盒

大部分的多肉植物离开土壤和水都还可以生存一段时间，
不像鲜花很快就凋谢。
利用这个特点，可以做一个多肉植物礼盒，
送给朋友和亲人，
让他们也爱上这些萌物吧！

◎制作过程

① 用金色胶带将礼盒的盒盖粘贴一圈。

② 用蓝色胶带压在金色胶带上粘一圈，只露出金色胶带5mm左右的宽度。

③ 再用金色胶带压在蓝色胶带上，露出蓝色胶带约5mm的宽度。

④ 盒盖完成图。

⑤ 打开盒子，在盒子内部铺上纸丝。

⑥ 拨开一部分纸丝，放入多肉植物。

⑦ 陆续放入多肉植物，留出一部分的空白纸丝。

⑧ 继续填入多肉植物，完成。

◎组合品种推荐

彩虹
Echeveria rainbow

景天科拟石莲花属，叶子表面被粉，红色带暗紫，阳光强烈时会变成粉红，色彩很柔和，非常漂亮，很适合组盆作主角。

紫罗兰女王
Echeveria Violet Queen

景天科拟石莲花属，是一个生长快速的品种，通风环境不好、日照不强时容易徒长，适合作组盆，注意组盆时不要将白粉碰掉。

东云白蜡

Echeveria agavoides 'Wax'

景天科拟石莲花属，莲座状，叶面为绿色，日照强烈时会出现红色。适合组盆作主角。

劳伦斯

Echeveria Laurinze sp

景天科拟石莲花属，叶片厚，表面被粉，粉红的叶尖很可爱。

露娜莲

Echeveria lola

景天科拟石莲花属，丽娜莲和静夜的杂交品种，叶片多为浅灰色，但有时是蓝绿色，有时是粉紫色，色彩很美。

吉娃娃

Echeveria chihuahuaensis

也叫吉娃莲，景天科拟石莲花属，叶片肥厚，叶片顶端有红色小尖，形状酷似一朵盛开的莲花，像花朵，而又不凋零，大颗吉娃娃很适合作多肉组合的主角。

感谢本页特别协助：魏宁、家琪

对比强烈的红与黑
多肉植物花束

《红与黑》是1830年司汤达一部小说的名字，
两种色调代表了两条人生的道路，
红色热情活泼，黑色深沉庄重，
当这两种颜色相遇并交织在一起时……
红与黑两色为主色搭配的多肉植物花束，
具有贵族范儿，
只有气场强大的姑娘才能HOLD住它。

特别说明

本款花束鲜花花材有：绣球，小尤加利果，黑色永生玫瑰，紫色勿忘我，银叶菊，珍珠米，珊瑚果。

◎制作过程

① 准备花艺铁丝（粗款和细款）、剪刀、花艺胶布。

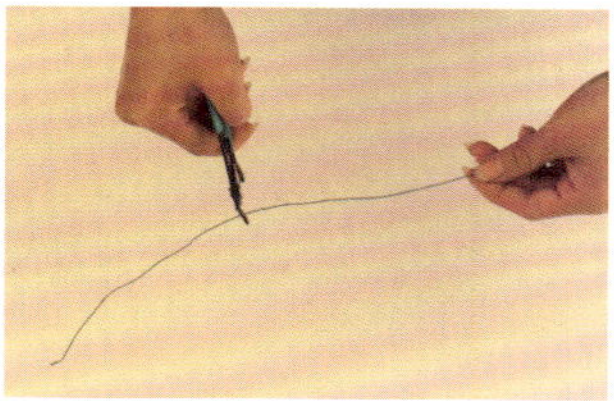

② 将细花艺铁丝剪成小段。

③ 取一根粗花艺铁丝，用细花艺铁丝将多肉植物绑在粗花艺铁丝上，缠上花艺胶布，所有多肉植物都按照这种方式处理。

④ 用手握住植物茎干上部位置，将绣球和小尤加利果、火祭组合在一起。

⑤ 根据形状再加入绣球。

⑥ 不断加入其他鲜花和多肉植物，注意保持整体花束的圆形。

⑦ 最后在顶部加入蓝石莲，作为中间过渡色。

⑧ 修剪小尤加利果多余的枝条，让花束的形状更好看。

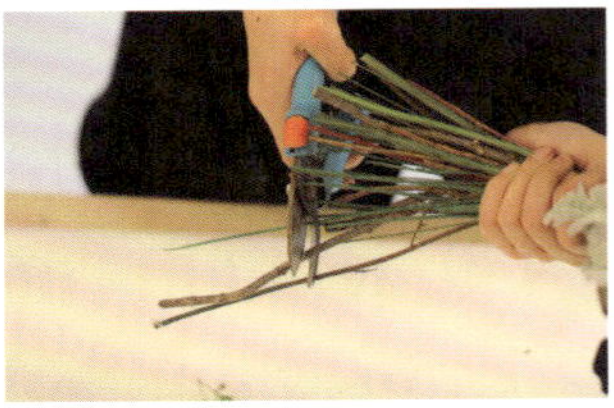

⑨ 将花束底部的所有枝条修剪整齐。

⑩ 用透明胶带将花束扎起来。

⑪ 再用红色丝带将花束扎起来。

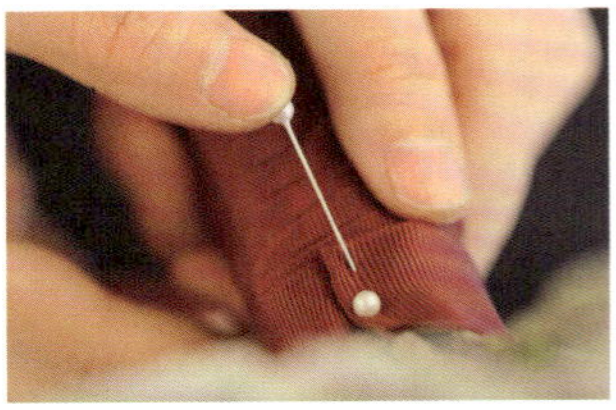

⑫ 在红色丝带结尾处，用白色珠针别住。

⑬ 完成。

⑭ 为了保持新鲜需将完成后的花束放入水中保存，水的深度以不接触丝带为宜。

◎组合品种推荐

A 红色系

火祭
Crassula erosula 'Campfire'

景天科青锁龙属，长圆形的叶子呈十字排列，阳光充足的条件下呈美丽的红色，光线不足会变成绿色，生长非常迅速，组盆和其他植物搭配时需要考虑这点。

红叶祭
Crassula Momiji Matsuri

景天科青锁龙属，杂交品种，叶片较火祭偏尖，体型也比较小，易发侧芽，日照强烈时为红色，适合作组盆。

B 黑色系

黑王子
Echeveria 'Black Prince'

景天科石莲花属，莲座状，叶匙形，光照充足时为紫黑色，适合组盆作主角，或者作陪衬也可以，少有的黑色品种之一。

黑法师
Aeonium arboreum cv. Atropurpureum

原产加那利群岛，景天科莲花掌属，紫黑色，多肉植物黑色的品种不多，这算是比较有代表性的一款。

C 中间过渡色

蓝石莲
Echeveria peacockii

又名皮氏石莲花，原产墨西哥。景天科石莲花属，整体植株呈粉蓝色，组盆时注意不要碰掉表面的白粉，以免影响美观。

静静等你归来的
青蛙王子多肉组合

青蛙王子不是只在童话中才出现的角色，
在现实生活中，他也存在，
没有帅气的外表，没有富可敌国的财富，没有光芒闪耀的职业，
他不起眼，做着一份自己喜欢的简单工作，过着平凡人的生活。
在你累了、倦了的时候，
只要一回头，就会看到，
他和他的城堡一直守候着你。

◎制作过程

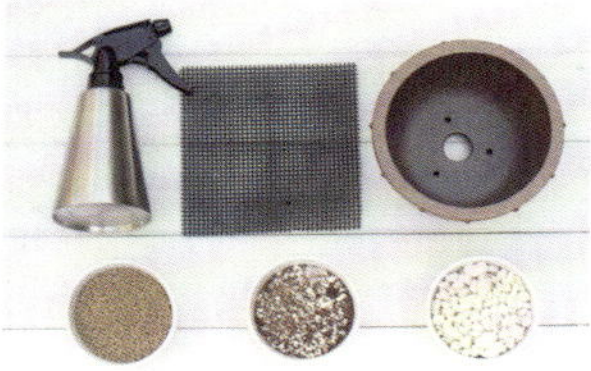

①准备有孔器皿、防虫网、钵底石、混合土壤、装饰土。

②用剪刀将防虫网剪成适合盆底大小的尺寸。

③防虫网尺寸以不漏土为宜，底孔必须遮住。

④倒入钵底石。

⑤倒入混合土壤。

⑥用镊子夹住植株茎干靠根部位置种入。

⑦继续用镊子以相同的方法种入多肉植物。

⑧多肉植物种植完毕后，铺入装饰土。

⑨用刷子刷去浮尘。

⑩放入小摆件。

⑪完成。

◎组合品种推荐

红宝石

Echeveria pink ruby

景天科拟石莲花属和景天属杂交品种。日照充足时叶片呈现红色，日照不充足会变成绿色，很容易群生，组盆时注意留出生长间距。

姬星美人

Sedum anglicum

景天科景天属，非常迷你的品种，叶片小巧，很容易群生，也适合成片欣赏，适合用作组盆中的铺面，用来遮盖土壤。组盆时注意，如果缺光会徒长，叶片也易掉落，用镊子夹住茎干小心放于合适的位置即可。

小米星

Crassula rupestris 'Tomthumb'

景天科青锁龙属，原产南非。多年生肉质草本，时间长茎干会木质化，叶片稍硬，不用担心被碰掉，群生，很适合组盆作造景。

蓝豆

Graptopetalum pachyphyllum bluebean

景天科风车草属，叶片非常小，平时为绿色，日照强烈时为灰蓝色，温差加大则呈果冻红色，适合组盆，叶片容易掉落，组盆时应注意。

>> 组盆示范 ● Part 2 送给朋友的多肉植物礼物

质朴原生态的
铁艺多肉植物组合

质朴原生态的
铁艺多肉植物组合

在铁艺器皿上种植多肉植物，不用种得特别满，
在器皿的一侧做一个简单的圆球形多肉植物组合就好，
整体视觉上留出一些空白，
这些留白的地方也可以随意地添加一些小摆件，
增强趣味性。

◎制作过程

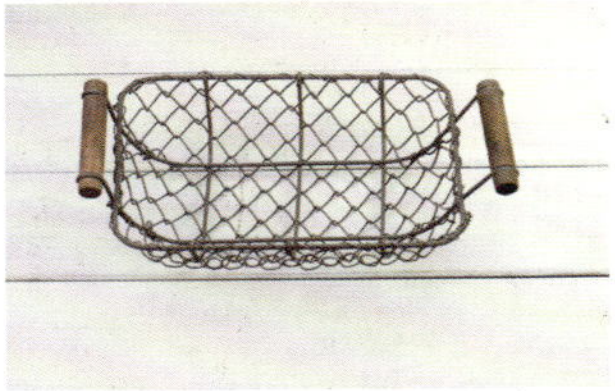

①准备铁艺器皿。

②将水苔泡发后挤至半干，做成圆球形状。

③用绳子将圆球形的水苔捆好，注意有规则地用线。

④用镊子在水苔中扒开一个小孔。

⑤往孔中种入多肉植物。

⑥一棵一棵种植多肉植物，注意保持水苔的圆球形。

⑦完成。

◎组合品种推荐

吉娃娃

Eoheveria chihuahuaensis

也叫吉娃莲，景天科拟石莲花属，叶片肥厚，叶片顶端有红色小尖，形状酷似一朵盛开的莲花，却不凋零，大棵吉娃娃很适合作多肉组合的主角。

新玉缀

Sedum morganianum var. burrito

景天科景天属，原产墨西哥。叶端圆形，植株匍匐生长，绿色，组盆时可悬挂垂坠，小株适合作组盆中的陪衬，组盆时注意叶片易脱落。

子持莲华

Orostachys boehmeri

景天科瓦松属，原产东南亚。植株小巧，多分支，叶片呈灰绿色莲座状，表面被粉，组盆时注意叶面很容易被划伤。

锦司晃

Echeveria setosa Hybrid

原产墨西哥。景天科石莲花属，茎和叶都覆盖一层细毛，光照强烈时叶片从边缘开始慢慢变成红色。很容易长成木本植物，生长较快，作组盆时注意留出适当的生长空间。

十字星锦

景天科青锁龙属，是一种斑锦变异品种，叶片色彩由绿色到黄白渐变，适合组盆作主角陪衬。

松之银

Crassula 'frosty'

景天科青锁龙属，株型不大，绿色叶片上有白色斑点，单株适合组盆，群生适合单独欣赏。

白牡丹

Graptoveria Titubans

景天科风车草属与拟石莲花属的杂交品种。整体植株呈莲座状，平时为白色，日照增强时叶片和叶尖为粉红色，老桩适合单独欣赏，很常见的品种，属于组盆中常用的品种之一。

邪性又可爱的
多肉植物南瓜灯

万圣节除了有古怪的面具，甜蜜的糖果，诡异的南瓜灯，
还可以有南瓜多肉植物组合。
一个具有创意的小盆栽，
摆在Party的一角，
很是添彩。

◎制作过程

①准备南瓜。

②用铅笔沿着白色陶瓷器皿（小于南瓜的直径）边缘在南瓜顶端画出圆形裁切线。

③用刀沿着裁切线裁切开。

④揭掉南瓜蒂盖。

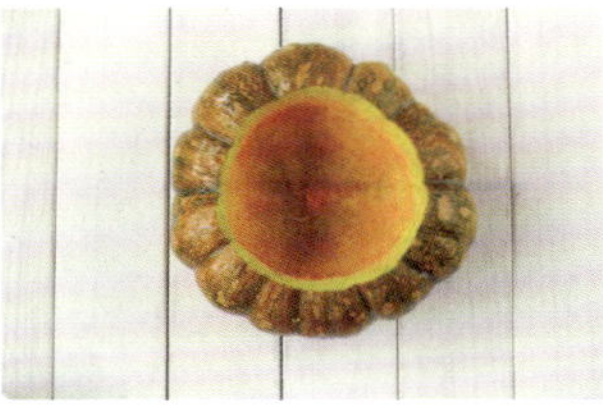

⑤挖出南瓜的瓜瓤。

⑥放入白色陶瓷器皿，器皿以正好能卡在挖出的南瓜槽内为宜。

⑦种入多肉植物，完成。

◎组合品种推荐

红宝石

Echeveria pink ruby

景天科拟石莲花属和景天属杂交品种，日照充足时呈现红色，日照不足会变成绿色，容易群生，组盆时注意留出生长间距。

卡罗拉

Echeveria colorata

景天科石莲花属，绿色叶面被白粉，莲座状，日照强烈时叶尖会变红，生长缓慢，适合作组盆时的主角。

东云白蜡

Echeveria agavoides 'Wax'

景天科拟石莲花属冬云系，白蜡主要的原产地在墨西哥，绿色蜡质叶片，阳光充足时叶尖会变红，适合组盆。

神秘又可爱的

球形多肉植物组合

神秘又可爱的
球形多肉植物组合

一团肉乎乎的小球球挤在一起，
灰绿的、浅绿的、白色的、毛茸茸的，
特别像《千与千寻》里那群善良的小煤球，
聚在一起嘀嘀咕咕地商量事儿，
纯真可爱的小球球，
组合出来，放在光照充足的地方，细心养护吧。

◎ 制作过程

① 准备器皿。

② 由于器皿较浅，只需铺上薄薄一层土壤作为钵底石。

③ 先种最大棵的多肉植物。

④ 围绕最大棵的多肉植物，再种入一些稍小的品种陪衬。

⑤ 全部多肉植物种植完毕。

⑥ 用赤玉土将裸露在外的植物根系覆盖住。

⑦ 用镊子夹走掉落在多肉植物上的土壤。

⑧ 完成。

◎组合品种推荐

毛羽立兜

Astrophytum asterias 'multipunctata'

仙人掌科星球属，原产美国和墨西哥。植株初为球形，后为扁球形或圆盘状，灰绿球面被白色密集星点，棱脊的刺座上密生绒毛，似一顶顶白色的帽子，由于大株毛羽立兜和小株毛羽立兜在外形上变化比较大，适合大小搭配组盆。

V字斑超兜

Astrophytum asterias 'v' pattern

超兜的一种，植株呈扁球形，棱脊的刺座密生绒毛，球面丛卷毛组成"V"字图案，非常可爱。

贵青玉

Euphorbia meloformis Aiton

大戟科大戟属，原产南非。球形，多单生，但也可从基部长出仔球，球体灰绿或绿色，布纹图案。

碧琉璃兜

Astrophytum asterias 'Nudam'

仙人掌科星球属，原产美国、墨西哥。小型种，扁圆球，整齐八棱，棱面青绿色，无星点，棱脊密生绒球状刺座，称为疣，组盆时注意不要将植株表面的疣碰掉。

裸虎

Echinocactus

仙人掌科金琥属，原产墨西哥。冬季休眠，应停止浇水，空气干燥时，向周围喷水。耐干旱，怕积水，组盆时注意不要把手扎了。

新颖清爽的
叶脉多肉胸花

仍然清晰地记得小时候自然课上老师教做叶脉书签；
这些叶脉，都是大自然的气息；
用叶脉来搭配多肉植物，
小巧，简单，朴素。

◎制作过程

①准备材料：天然树叶叶脉，珊瑚果，已处理好的多肉植物（处理方法参见P127多肉植物花束）。

②在多肉植物背后添入珊瑚果。

③从叶脉的中间位置将叶脉用手掐住成扇形待用。

④叶脉放在多肉植物和珊瑚果的后面。

⑤用花艺胶带将它们缠起来。

⑥剪掉多余的部分。

⑦缠上丝带，别入两枚白色珠针。

⑧完成。

◎组合品种推荐

红边月影（双头）

Echeveria elegans cv.

景天科拟石莲花属。表面被白粉，日照强时，叶片从红色边缘开始往里渐渐变成粉红色。做胸花的多肉植物，不能太大，叶插后渐渐长大的小苗尺寸会更适合一些，整体显得非常别致。

书卷气十足的
多肉植物书

这是一本充满了生命力的书，
打开后满眼都是鲜活灵动的植物。
古云：书中自有黄金屋，书中自有颜如玉，
已经过时了，
书中种满多肉植物才是王道。
找一本厚厚的书，
随心所欲地切出自己喜欢的器皿造型，
种入多肉植物，放在阳光下，
它就是一本值得慢慢品味和观赏的画卷。

◎制作过程

① 准备书籍，厚度至少得5cm以上。

② 用直尺和铅笔画出需要挖空的位置。

③ 用美工刀沿着裁切线进行裁切。

④ 一张一张裁切，小心不要把边框撕裂了。

⑤ 裁切出大概深度有4cm就可以了。

⑥ 放入透明薄膜，防水。

⑦ 放入土壤。

⑧ 用镊子种入多肉植物。

⑨ 按照自己的设想，继续种入多肉植物。

⑩ 全部植物种植完毕。

⑪ 铺入装饰土，将植物根系遮盖起来。

⑫ 清理浮土，完成。

◎组合品种推荐

黄丽

Sedum adolphii

景天科景天属，蜡质叶片在光照充足时会呈现金黄色，边缘会有红色，如果光照不足则会徒长变成绿色，组盆用作主角或陪衬都不错。

明日香姬

Mammillaria gracilis cv.

杂交培育品种，侧芽繁殖，和银手指很像。表面被刺但用手拿不扎手，适合组盆。

火祭

Crassula erosula 'Campfire'

景天科青锁龙属，长圆形的叶子呈十字排列，在阳光充足的条件下，呈美丽的红色，光照不足会变成绿色，生长非常迅速，组盆和其他植物搭配时需要考虑这点。

百惠

Sempervivum. Calcareum jordan Oddifg

景天科长生草属，管状叶子，很奇特、可爱。夏季休眠，春秋为生长季，冬季叶片会变成红紫色。

钱串

Crassula perforata

景天科青锁龙属，小型品种，日照增强时叶片边缘会慢慢变红，适合组盆搭配，或作为小场景的布景，老桩适合单独欣赏。

青凤凰

Orostachys iwarenge f. luteomedius

景天科瓦松属，叶片肉质，排成莲座状，组盆时注意叶片很容易被划伤，出现痕迹，需要特别小心。

黑王子

Echeveria 'Black Prince'

景天科石莲花属，莲座状，叶匙形，光照充足时为紫黑色，组盆时适合作主角，少有的黑色品种之一。

自然温馨感十足的
多肉植物胸花

绿色和白色搭配，清新、雅静、圣洁，
白色是永远流行的主打色，可以和任何一种颜色搭配，
当绿色邂逅完美白色，是一种春意盎然、大地复苏的感觉。
这款绿色的若绿和白色的龙胆组合在一起时，
清爽的自然风格很是深入人心。

◎制作过程

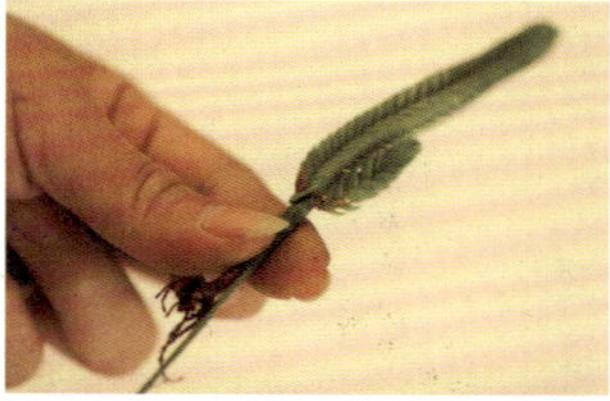

① 用绿色花艺胶带将若绿和花艺铁丝缠绕在一起。

② 使用相同方法再添加一支若绿。

③ 在正面位置加入白色龙胆。

④ 在龙胆中间加入蕾丝花。

⑤ 用花艺胶布将若绿、龙胆、蕾丝花缠绕在一起，固定造型。

⑥ 将胸花底部铁丝弯曲折起。

⑦ 缠上绿色丝带。

⑧ 在丝带衔接处插入一枚珠针固定。

⑨ 剪去多余的丝带。

⑩ 插入另一枚珠针固定。

⑪ 完成。

◎组合品种推荐

若绿

Crassula lycopodiodies

景天科青锁龙属，非常容易群生，繁殖也很容易。绿色系，在组盆设计中非常适合作配草，可以用来搭配其他多肉植物或鲜花，是一个合格的“配角”。

组盆示范篇

● Part 3 环保循环再利用组盆设计

“环保从自己做起”不再是一句空话，现在就开始快快乐乐地享受环保再利用的乐趣，将身边现有的材料用起来，做出美美的多肉植物组盆，影响更多的人，加入我们，用多肉植物组盆设计扮美我们的生活。

>> 组盆示范 ● Part 3 环保循环再利用组盆设计

红红火火过大年的
Red Box

很多时候可以不用刻意去买器皿，
只需要把身边一些废弃的物件利用起来。
这款红盒子灵感源于某日收到快递来的蜂蜜，
包装蜂蜜的白色泡沫塑料盒质量很好，
不舍得扔掉，但它摆在家里又确实没有太大用处。
灵机一动，用了红瑞木作装饰，
转眼它就变成种植多肉植物不可多得的好看器皿了。

◎制作过程

① 准备废弃的泡沫塑料盒子。

② 对比泡沫塑料盒子的高度，将红瑞木剪成比泡沫塑料盒子高出几毫米的小段，第一根完成。

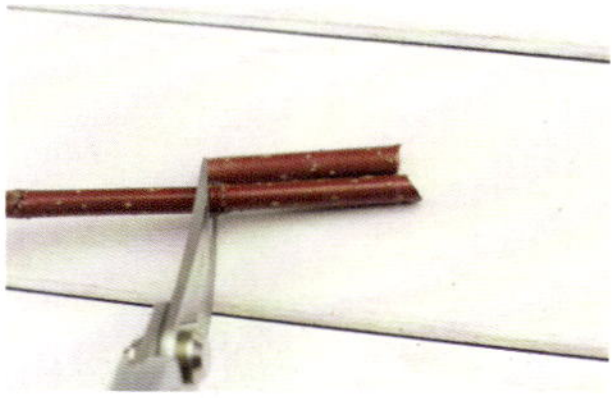

③ 余下的红瑞木，全部照着第一根的长度剪。

④ 根据泡沫塑料盒子大小，将所有红瑞木剪完，每根长度可以有所区别。

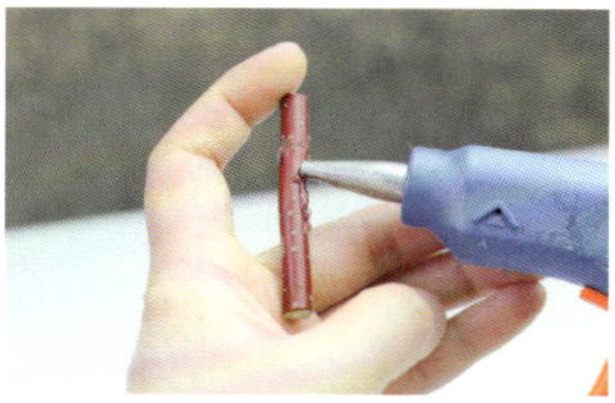

⑤ 用胶枪将红瑞木棍粘到泡沫塑料盒子外围。

⑥ 每根红瑞木在粘贴时需要排列紧凑，以不露出白色的泡沫塑料盒为宜。

⑦ 一直将白色盒子的周边一圈粘完为止。

⑧ 红盒子器皿完成后，可在底部打孔，便于根部排水和透气。

⑨ 种入多肉植物，完成。

◎组合品种推荐

黑法师

Aeonium arboreum cv. Atropurpureum

原产加那利群岛，景天科莲花掌属，紫黑色，黑色多肉植物的品种不多，这算是比较有代表性的一款，适合组盆，老桩适合单独欣赏。

来，干一杯吧！

红酒杯多肉组合

即使没有花香扑鼻的大花园，
没有铺好桌旗的长条大木餐桌，
我们也可以营造出一个不一样的晚宴气氛，
简简单单用红酒杯种好多肉植物放在桌上作为装饰，
一顿周末晚宴立刻就高端大气上档次了，
红酒杯是每个家庭都可以随手拈来的东西，
有多肉植物的陪伴，这顿晚宴一定很让人难忘。

◎制作过程

① 准备不同造型和高矮的红酒杯。

② 将红酒杯底部铺上一层小白石子。

③ 为了体现层次感，再铺一层黑石子。（如需长期种植时请加入一些缓释肥。）

④ 种入多肉植物。

⑤ 再铺一层白色小石子，完成。以相同的方法再种上其他的多肉植物。

◎组合品种推荐

A. 曲水之宴
Haworthia bolusii bak.

独尾草科十二卷属。莲座状，叶片偏薄，边缘有白毛，适合作十二卷喜半阴植物组盆的主角。

B. 水晶掌
Haworthia cymbiformis

独尾草科十二卷属，原产南非。宝草带锦的品种，较之宝草，色彩更有层次感。

C. 天狗锦
Haworthia viscosa

独尾草科十二卷属，硬叶品种。北方夏季需遮阴，冬季则需要光照。

自制迷你器皿的
多肉蜡烛组合

用完的蜡烛壳不要丢掉，
它可以变身为一款可爱的拇指盆。
动动手把它们做成小提篮的形状，
让它们排排坐，放在桌子一角，
这样的组合非常可爱。

◎ 制作过程

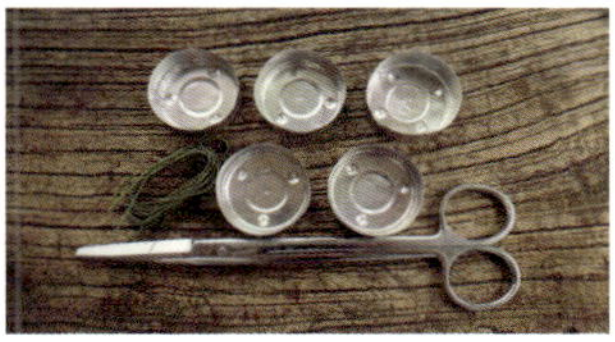

① 准备一些已经用完的蜡烛壳以及剪刀、针和花艺铁丝等工具。

② 用针在蜡烛壳对称的两侧各戳出一个小孔。

③ 将花艺铁丝剪短，穿入已经戳好的孔中，做成提手。

④ 铁丝缠绕将提手固定住。

⑤ 用针在蜡烛壳底部戳出一些小孔便于植株透气。

⑥ 剪一小截铁丝，缠绕在提手中间位置，做成可拎把手。

⑦ 在蜡烛壳外层缠上一圈铁丝，拇指盆就完成了。

⑧ 用镊子小心地种入多肉植物。

⑨ 完成。

◎组合品种推荐

姬胧月

Graptoveria Gilva

景天科风车草属，小型的品种。日照强时为深红色，适合作组盆中的陪衬，老桩适合单独欣赏。

魔南景天

Monanthes brachycaulon

迷你品种，适合组盆时作为填充使用。

黄丽

Sedum adolphii

景天科景天属，蜡质叶片在日光充足时会呈现金黄色，边缘会有红色，如果日照不足会徒长变成绿色，组盆时用作主角或陪衬都不错。

白牡丹

Graptoveria Titubans

景天科风车草属与拟石莲花属的杂交品种。整体植株呈莲座状，平时为白色，日照增强时叶片和叶尖为粉红色，老桩适合单独欣赏。很常见的品种，属于组盆中常用的品种之一。

可以贴在冰箱上的
红酒冰箱贴

喝剩下的红酒塞不要扔掉，
可以做成种多肉植物的迷你小器皿，
吸在冰箱门上，
袖珍而精致，
别忘记给它浇水哟！

◎制作过程

① 准备红酒塞和美工刀等工具。

② 选择启瓶器进入红酒塞的那面。

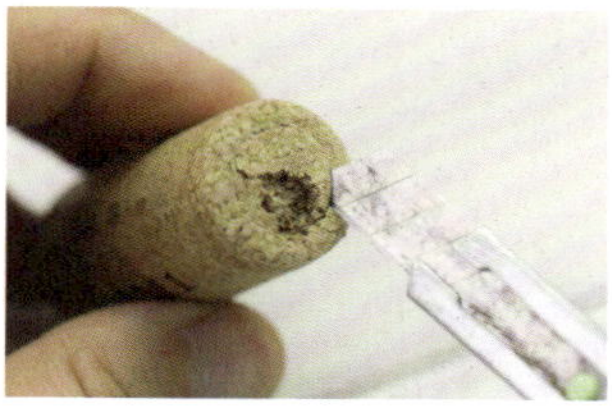

③ 用美工刀在红酒塞一侧画出一个圆形。

④ 将圆形里的红酒塞碎末掏出。

⑤ 慢慢掏空让红酒塞成一个空洞。

⑥ 换成一字形改锥继续掏空红酒塞。

⑦ 红酒塞底部不要掏通，保证底部可以存住土壤基质，不会漏出。

⑧ 红酒塞一侧粘上磁铁。

⑨ 种入多肉植物，完成。

◎组合品种推荐

A. 不死鸟

Kalanchoe daigremontian hybrid

景天科伽蓝菜属，叶片狭长，边缘带齿，灰绿色表面被深褐色斑点，繁殖方式比较特别，叶片会长出一圈新芽，落地即可生根。

B. 鹿角掌

Stapelia.variegata

萝藦科豹皮花属，茎多汁肉质，棒状，具四棱，叶退化成短棘刺状。

A

B

自然生活风格

原始木枝条种多肉

一直都很喜欢原木的手感：质朴，粗糙，充满自然的气息。
也喜欢用不刷漆、不打磨、不雕琢、纯天然的木头来作家居装饰，
完全原生态地使用它，随意地放在屋子的一角，非常有感觉。
干枯的木枝条，纤细挺拔，纹理清晰，恬淡安静，
适合搭配色泽丰富的多肉植物。
亲自做的手工，充满了制作人的感情，
不管送人也好，自用也罢，它都是最特别的。

◎制作过程

① 以转圈的方式，用木锯将枝条锯成长短一致的小截。

② 根据计划做的器皿高度来决定木枝条的数量，大概30根左右为宜。

③ 胶枪加热至胶嘴流出透明的胶。

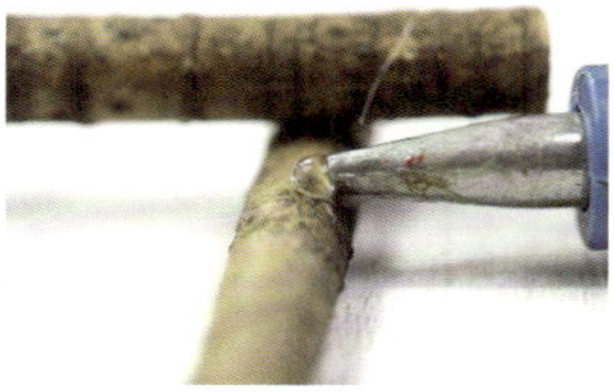

④ 用胶枪将锯好的木枝条粘合在一起。

⑤ 最底层可以多粘几根，防止水苔从底部漏出。

⑥ 按照“井”字形将木枝条（两根一层）堆叠起来。

⑦ 做好器皿后，静置一小时，同时准备水苔。

⑧ 将泡好的水苔拧到半干，填充进器皿中，种入多肉植物，完成。

◎组合品种推荐

蝴蝶之舞

Kalanchoe fedtschenkoi

又名玉吊钟，观叶植物，景天科伽蓝菜属，原产马达加斯加岛。叶片为蓝绿色，表面被粉，日照强时会变成粉红色，像一只飞舞的蝴蝶，很适合组盆。

露娜莲

Echeveria lola

景天科拟石莲花属，丽娜莲和静夜的杂交品种，叶面被粉，日照强时叶片会呈粉紫色，层次分明，适合组盆。

火祭

Crassula erosula 'Campfire'

景天科青锁龙属，长圆形的叶子呈十字排列，在阳光充足的条件下，呈美丽的红色，光线不足会变成绿色，生长迅速，组盆和其他植物搭配时需要考虑这点。

福兔耳

Kalanchoe eriophylla Hilsenb.et Bojer

景天科伽蓝菜属，原产纳米比亚。叶片像兔耳朵，表面被细密的白色绒毛，组盆后浇水，注意不要浇到叶片上。

桃之卵

Graptopetalum amethystinum

景天科风车草属，卵形叶片肥厚，日照充足会呈现令人沉醉的粉红色，如同熟透的桃子，非常萌。

等待的龙猫

啤酒罐大变身

◎制作过程

① 准备剪刀，美工刀和易拉罐。

② 先将易拉罐内的饮料喝完。

③ 用美工刀划出一个缺口，便于剪刀进行裁剪。

④ 沿商标线条裁剪。

⑤ 将易拉罐的拉扣推回，如已扔掉拉扣，就需要再单独放防虫网，防止漏土。

⑥ 种入多肉植物，完成。

◎组合品种推荐

A. 白姬之舞
Kalanchoe marnieriana

景天科伽蓝菜属，糖果色，老桩适合摆在案头或书桌。

B. 姬星美人
Sedum anglicum

景天科景天属，迷你品种。叶片小巧，很容易群生，适合成片欣赏，适合用作组盆中的铺面来遮盖土壤。组盆时注意，如果缺光会徒长，叶片也易掉落。组盆时用镊子夹住茎干小心放于合适的位置即可。

C. 小人祭
Aeonium sedifolius

也叫日本小松，景天科莲花掌属，原产阿尔及利亚。夏季高温会休眠成包心菜状，叶片中间有斑纹，树状生长，适合用于组盆中的造景，或者单独欣赏也很好看。组盆时需要注意，叶片有黏性，注意不要将土壤撒落在上面，不好清理。

翠绿四君子之首

天然竹筒多肉植物

将竹子保留两头的节，
做成一个半封闭器皿，
天然竹子都不怕水，
配上毛茸茸的多肉植物，
再加上一只可爱的小羊，
很卡哇伊，很萌，材质还很天然。

◎制作过程

①往竹筒里放入钵底石。

②放入混合土壤。

③用镊子夹住多肉植物的根茎部位，种入第一棵群生多肉植物。

④继续种入多肉植物，再根据需要调整其位置。

⑤种入最后一棵多肉植物后，铺上装饰土。

⑦捡走掉落叶间的土壤颗粒，放入一个小摆件，完成。

◎组合品种推荐

A. 玫叶兔耳
Kalanchoe Roseleaf

景天科伽蓝菜属，原产纳米比亚。叶片绿色被白色绒毛，背面有疣粒。

B. 月兔耳
Kalanchoe tomentosa

景天科伽蓝菜属，原产马达加斯加。细长的椭圆形叶子被白白的绒毛覆盖，让人联想到兔子的耳朵，叶片边缘为棕色一圈小点，生长繁殖容易。

C. 黑兔耳
Kalanchoe tomentosa Chocolate Soldier'

景天科伽蓝菜属，生长很缓慢，细长的椭圆形叶子表面被细密绒毛，日照强烈为棕色，适合组盆。

D. 福兔耳
Kalanchoe eriophylla Hilsenb.et Bojer

景天科伽蓝菜属，原产纳米比亚。叶片像兔耳朵，表面披细密的白色绒毛，组盆后浇水，注意不要浇到叶片上。

享受手作的幸福

手绘红陶花盆

红陶盆一直以其价廉物美流行于各大花市，
普通、实用、方便，
只需要动动手，刷刷漆，
用自己手绘的红陶盆种上多肉植物，
将有别样的幸福。

◎制作过程

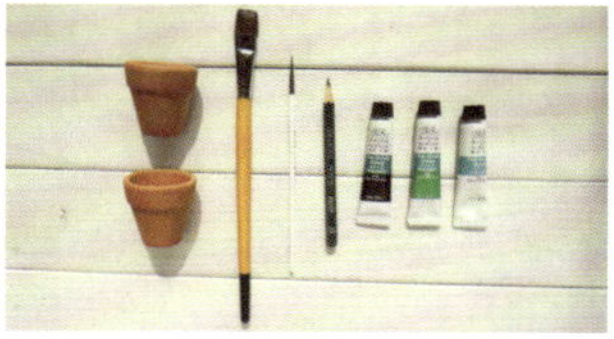

①准备丙烯颜料，铅笔，绘画笔，红陶盆等工具。

②用绘画笔和白色丙烯颜料将红陶盆涂成白色。

③倒立放置让其自然晒干。

④在底部也刷上白色丙烯颜料，用手触摸，颜料不沾手时为晒干。

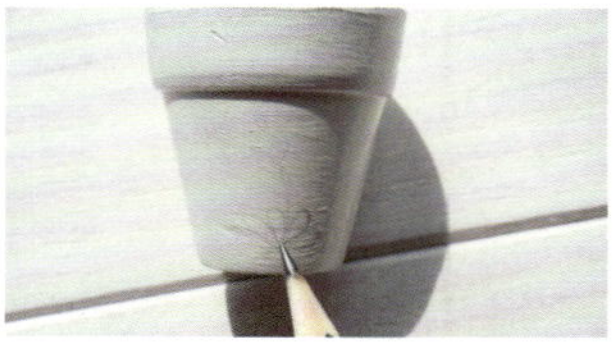

⑤用铅笔在晒干的红陶盆上绘制出图案的外形。

⑥用绿色丙烯颜料进行上色。

⑦花盆绘制完成。

⑧种入多肉植物，完成。

◎组合品种推荐

A. 茜之塔

Crassula corymbulosa

景天科青锁龙属，小型品种，植株呈丛生状，外形酷似一座宝塔，直立生长，有时也具匍匐性，日照减弱时植株为绿色，日照增强则为深红色。适合作多肉组合的陪衬。

B. 罗星丸

Gymnocalycium bueneckeri

仙人掌科裸萼球属，刺儿一点儿也不扎手，很适合组盆。

A

B

粗犷原始感十足的
手作木头多肉植物

这种块状长条木头几乎随处可见，
被人们遗弃，被雨水冲刷，被太阳暴晒，
因为长柜太普通，都很少被留意到。
将它改成一个种植器皿，种入多肉植物后，
让这块朽木立刻鲜活起来，
蓬勃生机，春意盎然，
它不怕风吹，不怕日晒，
非常原始生态。

◎制作过程

① 准备木头。

② 画出种植位置，用切割机进行裁切。

③ 将种植位置用切割机浅浅切出来。

④ 加深切割的位置，让轮廓更清晰。

⑤ 切割机到一定深度后开始斜着切割。

⑥ 用锤子和改锥将种植位置挖出来。

⑦ 种植位置完全挖出来后的效果。

⑧ 种入多肉植物，完成。

◎组合品种推荐

红刺黄金司
Mammilaria elongata var. albispina
仙人掌科银毛球属,细圆筒形茎干群生，表面有漂亮的黄金色刺，组合盆栽时需戴手套。

虹之玉锦
Sedumrubrotinctumcv. 'Aurora'
景天科景天属，为虹之玉的斑锦品种。植株在日照强烈时呈美丽的粉红色，聚在一起非常好看，很适合组盆使用。

春上
S. hirsutum ssp.baeticum 'winkleri'
景天科景天属，非常迷你的品种，叶片有黏性，组盆时注意不要将灰尘落在上面，很难清洗。

姬胧月
Graptoveria Gilva
景天科风车草属，小型品种，日照强烈时为深红色，适合作组盆中的陪衬，老桩适合单独欣赏。

锦晃星
Echeveria pulvinata
景天科石莲花属，叶片肥厚，表面披细短的白色绒毛，叶缘顶端的红色鲜艳夺目，老桩适合单独欣赏，小苗用来组盆很好看。

罗星丸
Gymnocalycium bueneckeri
仙人掌科裸萼球属，刺儿一点儿也不扎手，适合组盆。

金琥
Echinocactus grusonii
仙人掌科金琥属，刺座均为金黄色，植株单生，球形，作组盆时戴手套，注意不要扎到手。

宇玉殿
Little Spheroid
景天科天锦章属，是玛丽安的一个园艺品种。多年生草本植物，叶片肥厚近卵形，老叶咖红，叶表呈细密的坑坑洼洼状，小型品种。

青凤凰
Orostachys iwarenge f. luteomedius
景天科瓦松属，叶片肉质，排成莲座状。组盆时注意叶片很容易被划伤，留下痕迹，得特别小心。

钱串
Crassula perforate
景天科青锁龙属，小型品种，日照增强时叶片边缘会慢慢变红，适合作组盆的搭配，或小场景的布景，老桩适合单独欣赏。

红怒涛
Faucaria tuberculsa 'Rubra'
原产南非，番杏科肉黄菊属，是荒波的变种。株型小，高度肉质，叶片交互对生，形态奇特，富于变化，组盆时注意和冬型种放在一起。

玉蝶
Echeveria secunda var. glauca
又称石莲花，原产墨西哥。景天科石莲花属，淡绿色莲花座状，叶片肉质，表面被白粉，非常适合作多肉组合主角的一个品种。

蓝色天使
Graptoveria 'Fanfare'
景天科风车草属，蓝色天使很像是一朵盛开的菊花，细长的叶片，呈莲花座状排列，粉绿色，形态美，适合组盆。

感谢你们

一本书从策划、撰写到出版面市真的很不容易。《多肉植物新“组”张》的出版，要感谢的人实在是太多太多。首先要感谢我的家人，我先生侯优优@石-庙 对我的支持，在我很多次想要放弃出版这本书的时候，他一直在旁边鼓励我，陪伴我。同时，要感谢原《中国花卉报》的副总编、现《美好家园》杂志顾问吴方林老师@林中晓月，她介绍了在园艺方面非常专业的@绿手指园艺 给我，还将她所收藏的园艺书籍悉数赠予我，也给予了本书很多的好建议。再次，得感谢绿手指园艺的曾素老师@祾偎 和唐洁老师，她们站在专业的角度对本书进行了指导。还有很多帮助过我的朋友们：@简宁，@老牛_普旧，@梵几，@古奇高，@云水蒙，@柏花集的主人@陈柏言，@didi的花世界，@默默向前冲，@superliliyu，@齐柏林飞，@moi三叶草，@秋阳秋阳，@善良的崔爷，@仁斋一生，@植手，@月暮-柴烧，@尘一凡54，@家琪，阿潘，陈凌影，华叔，百花仙子的主人岳新芳，苗苗，席琳，邢展……感谢你们！因为有你们的帮助，才有了这本书籍的问世。

感谢万能的网络，新浪微博、微信，让我认识了那么多有意思的、志同道合的朋友们。

感谢我的读者，谢谢你们购买这本书，你们对我的支持是我前进的最大动力。